Teubner Skripten zur
Numerik

Michael Griebel
Multilevelmethoden als Iterationsverfahren
über Erzeugendensystemen

Teubner Skripten zur Numerik

Herausgegeben von
Prof. Dr. rer. nat. Hans Georg Bock, Universität Heidelberg
Prof. Dr. rer. nat. Wolfgang Hackbusch, Universität Kiel
Prof. Dr. phil. nat. Rolf Rannacher, Universität Heidelberg

Die Reihe soll ein Forum für Einzel- sowie Sammelbeiträge zu aktuellen Themen der Numerischen Mathematik und ihrer Anwendungen in Naturwissenschaften und Technik sein. Das Programm der Reihe reicht von der Behandlung klassischer Themen aus neuen Blickwinkeln bis hin zur Beschreibung neuartiger noch nicht etablierter Verfahrensansätze. Es umfaßt insbesondere die mathematische Fundierung moderner numerischer Methoden sowie deren Aufbereitung für praxisrelevante Anwendungen. Dabei wird bewußt eine gewisse Vorläufigkeit und Unvollständigkeit der Stoffauswahl und Darstellung in Kauf genommen, um den Leser schnell mit aktuellen Entwicklungen auf dem Gebiet der Numerik vertraut zu machen. Dadurch soll in den Texten die Lebendigkeit und Originalität von Vorlesungen und Forschungsseminaren erhalten bleiben. Hauptziel ist es, in knapper aber fundierter Weise über aktuelle Entwicklungen zu informieren und damit weitergehende Studien anzuregen und zu erleichtern.

Multilevelmethoden als Iterationsverfahren über Erzeugendensystemen

Von Dr. rer. nat. Michael Griebel
Technische Universität München

Dr. rer. nat. Michael Griebel

1960 geboren in Augsburg. Von 1979 bis 1985 Studium der Informatik und Mathematik an der Techn. Universität München, Diplom 1985. Von 1985 bis 1993 Wiss. Mitarbeiter am Institut für Informatik der TU München, Lehrstuhl Prof. Dr. C. Zenger, 1989 Promotion. Von 1990 bis 1993 Wiss. Assistent, 1993 Habilitation, seit 1993 Wiss. Oberassistent am Institut für Informatik der TU München. Seit 1992 Referent des Bayerischen Forschungsverbundes für Technisch-Wissenschaftliches Hochleistungsrechnen (FORTWIHR).

ISBN-13: 978-3-519-02718-8 e-ISBN-13: 978-3-322-89224-9
DOI: 10.1007/ 978-3-322-89224-9

Die Deutsche Bibliothek – CIP-Einheitsaufnahme

Griebel, Michael:
Multilevelmethoden als Iterationsverfahren über
Erzeugendensystemen / von Michael Griebel. – Stuttgart :
Teubner, 1994
(Teubner-Skripten zur Numerik)

Vorwort

Die bei der numerischen Simulation verschiedener physikalischer und technischer Vorgänge auftretenden Differentialgleichungen führen nach Linearisierung und Diskretisierung zu sehr großen linearen Gleichungssystemen, deren Behandlung mittels traditioneller direkter oder iterativer Lösungsverfahren selbst auf modernsten Computern entweder gar nicht, oder nur mit unerträglich großem Rechenaufwand und langer Rechenzeit möglich sind.

Im letzten Jahrzehnt sind nun effiziente Verfahren entwickelt worden, die den Lösungsvorgang entscheidend beschleunigen. Hierbei sind hauptsächlich Mehrgittermethoden sowie Multilevel-Vorkonditionierer zu nennen, beide mit jeweils verschiedenen Herleitungs- und Betrachtungsweisen sowie unterschiedlichen Beweismethoden. Daneben ist durch den Einsatz paralleler Rechensysteme eine weitere Beschleunigung des Lösungsvorgangs möglich geworden. Hierbei haben sich Gebietszerlegungsverfahren, unter anderem in Verbindung mit oben erwähnten Methoden, als besonders geeignet erwiesen.

In diesem Buch stellen wir nun eine neue Sichtweise und Interpretationsmöglichkeit für Mehrgitterverfahren, Multilevel-Vorkonditionierer und Gebietszerlegungsmethoden für elliptische Probleme vor. Dazu verwenden wir ein Erzeugendensystem, das die Knotenbasen verschiedener Diskretisierungslevel umfaßt. Der Ritz-Galerkin-Ansatz führt dann zu einem semidefiniten Gleichungssystem mit optimaler Kondition der Ordnung $O(1)$, wenn man von den für Iterationsverfahren i.a. bedeutungslosen verschwindenden Eigenwerten absieht. Die oben erwähnten effizienten Verfahren (Mehrgitter, Multilevel-Vorkonditionierer) lassen sich nun als traditionelle iterative Methoden (Gauß-Seidel, Jacobi-Vorkonditionierer) über diesem semidefiniten System interpretieren. Bei der Konvergenzanalyse dieser modernen Methoden gehen jetzt im Prinzip die gleichen Terme ein, wie schon bei der Analyse traditioneller Iterationsverfahren.

Weiterhin ermöglicht diese Sichtweise, das starre levelorientierte Vorgehen zu durchbrechen, das dem Mehrgitterprinzip zugrunde liegt. Dadurch können ortsorientierte Iterationsverfahren entwickelt werden. Durch das Zusammenfassen der zu einem Punkt gehörigen Basisfunktionen verschiedener Level entstehen zur Gebietszerlegungsmethode verwandte Block-Iterationsverfahren mit gitterweitenunabhängigen Konvergenzraten. Die vorgestellten Verfahren besitzen auf Grund ihres substantiell reduzierten Kommunikationsaufwandes im Vergleich zu konventionellen Multilevelmethoden gewisse Vorteile bei der Parallelisierung, die sich insbesondere auf parallelen Rechensystemen mit relativ langsamen Startup-Zeiten, wie Netze von Arbeitsplatzrechnern, auswirken. Darüber hinaus hat sich der Erzeugendensystemansatz als nützliches Konstruktionsprinzip bei der Entwicklung neuartiger Multilevelmethoden ("multiple-coarse-grid"-Verfahren, dünne Gitter) erwiesen.

Sicherlich ist die hier vorgestellte Technik noch nicht in einem finalen Zustand und es bleiben viele Fragen offen (Übertragung auf echte Anwendungsprobleme wie etwa Navier-Stokes, Robustheit bei singulär gestörten Problemen, Zusammenspiel mit Upwind-Diskretisierung und Streamline-Diffusion-Methoden für Konvektions-Diffusionsprobleme, Anwendung auf allgemeine Gebietsformen und Zerlegungsgitter) und sicherlich mag für den Spezialisten einiges bekannt erscheinen (es besteht eine enge Verwandtschaft zu Teilraumkorrekturmethoden), aber zumindest ich habe mittels der hier geschilderten Technik die Unterschiede und Gemeinsamkeiten von Mehrgitterverfahren, Multilevel-Vorkonditionierern und Gebietszerlegungsmethoden genauer verstanden. Ich hege schließlich die Hoffnung, daß sich in Zukunft vielleicht auch neue effiziente Iterationsverfahren mit Hilfe der in diesem Buch vorgestellten Sichtweise erarbeiten lassen.

An dieser Stelle möchte ich mich bei meinen Kollegen R. Hiptmair, D. Röschke und T. Störtkuhl sowie bei T. Grauschopf, Prof. W. Hackbusch, Prof. P. Oswald, Prof. R. Rannacher und T. Schiekofer für nützliche Hinweise bedanken. Weiterhin bedanke ich mich bei Dr. H. Bungartz für die kritische Durchsicht und gründliche Korrektur des Manuskripts dieser Arbeit und bei S. Zimmer, der mir bei der Erstellung der Abbildungen und Tabellen entscheidend geholfen hat. Besonderer Dank gilt Prof. C. Zenger, der mir diese Arbeit durch seine langjährige Förderung überhaupt erst ermöglicht hat.

Augsburg, im Dezember 1993 Michael Griebel

Inhaltsverzeichnis

1 Einleitung

Zur numerischen Simulation technischer und naturwissenschaftlicher Vorgänge, wie sie etwa im Bereich der Strömungsmechanik, bei der Optimierung dynamischer Systeme, bei Schmelzprozessen und der Kristallzüchtung oder bei der Herstellung von Halbleitern auftreten, werden die zu untersuchenden Abläufe zunächst mathematisch durch geeignete partielle Differentialgleichungen modelliert. Die resultierenden Probleme werden anschließend auf einem möglichst feinen Gitter diskret betrachtet. Dadurch entstehen nach Linearisierung sehr große, dünn besiedelte Gleichungssysteme, die erst durch moderne Hochleistungsrechner überhaupt aufgestellt und behandelt werden können. Die dabei auftretenden Anforderungen an Speicherplatz und Rechenleistung sind enorm.

Direkte Verfahren zur Lösung dieser Gleichungssysteme wie etwa die Band-Gauß-Elimination, aber auch das effizientere "nested dissection"-Verfahren, können sowohl aufgrund ihres erhöhten Speicherplatzbedarfs bei der Faktorisierung der Systemmatrix als auch wegen des damit verbundenen Rechenaufwands nicht eingesetzt werden. Traditionelle iterative Methoden wie das Gauß-Seidel- und Jacobi-Verfahren oder die effizientere SOR-Iteration benötigen zwar keinen zusätzlichen Speicherplatz, die Zahl der Iterationsschritte, die notwendig sind, um die Lösung bis auf eine vorgegebene Genauigkeit zu bestimmen, steigt jedoch mit der Verfeinerung der Gitterweite. Dies macht solche Iterationsverfahren bei hinreichend feinen Gittern unerträglich langsam.

Mit der Entwicklung der Mehrgittermethode (MG) entstanden erstmals Iterationsverfahren, für die die Zahl der Iterationsschritte, die notwendig sind, um die Lösung bis auf eine vorgegebene Genauigkeit zu bestimmen, unabhängig von der Gitterweite der Diskretisierung ist. In diesem Sinn sind Mehrgitterverfahren optimal. Ihr Rechenaufwand ist direkt proportional zur Zahl der Unbekannten des zu lösenden linearen Gleichungssystems. Erreicht wird diese Verbesserung durch die Betrachtung des Problems nicht nur auf einem (feinsten) Gitter, sondern auf einer Sequenz uniform verfeinerter Gitter. Durch geeignete Korrekturen auf den gröberen Gittern wird dabei das auf dem feinsten Gitter arbeitende Iterationsverfahren entscheidend beschleunigt. Ähnliche Eigenschaften besitzen auch die in jüngster Zeit entwickelten Multilevel-Vorkonditionierer (BPX).

Eine weitere Reduktion der Rechenzeit ist nun durch den Einsatz leistungsfähiger Parallelrechner möglich. Die Berechnung läßt sich somit auf die vorhandenen Prozessoren verteilen. Dazu müssen allerdings von mehreren Prozessoren benötigte Daten zwischen den Prozessoren ausgetauscht werden. Dabei begegnen wir folgender Schwierigkeit: Die Ausführungszeit einer Gleitpunktoperation ist im allgemeinen um mehrere Größenordnungen kleiner als die Zeit, die für das Übertragen einer Gleitpunktzahl zwischen zwei Prozessoren benötigt wird. Zudem ist allein schon der Aufbau einer Verbindung zwischen zwei Prozessoren - die sogenannte Startup-Phase der Kommunikation - relativ aufwendig. Ziel bei der Parallelisierung von Multilevelverfahren ist es deswegen, Algorithmen zu entwickeln, bei denen die Kommunikationsanforderungen so gering wie möglich sind.

In dieser Arbeit verwenden wir im Gegensatz zum konventionellen Vorgehen, bei dem bei der Diskretisierung eine Basis benutzt wird und ein Iterationsverfahren für das resultierende definite System durch Grobgitterkorrekturschritte oder mittels eines Multilevel-Vorkonditionierers beschleunigt wird, bei der Diskretisierung der Differentialgleichung jetzt ein Erzeugendensystem. Es enthält nicht nur die Knotenbasen des feinsten Diskretisierungslevels, sondern umfaßt zusätzlich auch die Knotenbasen aller gröberen Diskretisierungslevel. Der Ritz-Galerkin-Ansatz führt dann bei der Diskretisierung zu einem semidefiniten linearen Gleichungssystem mit optimaler Kondition $\mathcal{O}(1)$, wenn man von den verschwindenden Eigenwerten absieht. Dieses System ist durch iterative Verfahren lösbar. Die Lösung ist jedoch nicht eindeutig, sondern im allgemeinen vom Startwert der Iteration abhängig. Trotzdem läßt sich aus jeder Lösung des semidefiniten Systems leicht die eindeutige Lösung des zugehörigen definiten Systems auf dem feinsten Diskretisierungslevel gewinnen.

Es stellt sich heraus, daß Multilevelverfahren für das zum feinsten Diskretisierungslevel gehörige definite System gerade als traditionelle iterative Verfahren für das zum Erzeugendensystem gehörige semidefinite Problem interpretiert werden können. So entspricht die Gauß-Seidel-Iteration bei levelweiser Durchlaufreihenfolge gerade dem Mehrgitterverfahren mit Gauß-Seidel-Glätter. Der einfache Jacobi-Vorkonditionierer entspricht dem BPX-Vorkonditionierer. Die Verwendung des Erzeugendensystems ermöglicht somit eine einfachere Sichtweise von Multilevelalgorithmen, die die Zusammenhänge und Unterschiede der einzelnen Verfahren deutlicher und durchschaubarer macht.

Darüber hinaus wird es möglich, die den Multilevelverfahren innewohnende starre levelorientierte Sichtweise zu durchbrechen. Das semidefinite System erlaubt den Übergang zur punkt- und damit gebietsorientierten Sichtweise. Dabei gruppieren wir diejenigen Unbekannten des semidefiniten Systems zusammen, deren zugehörige Erzeugendensystemfunktionen im gleichen Punkt zentriert sind. Damit lassen sich Block-Iterationsverfahren konstruieren, deren Konvergenzraten wie bei konventionellen Multilevelmethoden von der Gitterweite unabhängig sind. Eine äußere Iteration durchläuft alle Gitterpunkte. Das lokale Teilsystem, das zu den Funktionen des Erzeugendensystems gehört, die in jeweils einem Punkt zentriert sind, läßt sich entweder exakt lösen oder durch eine innere Iteration relaxieren. Dieses Vorgehen kann in natürlicher Weise auf Gebietszerlegungsmethoden verallgemeinert werden.

Die resultierenden Verfahren besitzen für die Parallelisierung vorteilhafte Eigenschaften. Im Vergleich zur Parallelisierung konventioneller Multilevelmethoden wird die Zahl der Kommunikationsschritte substantiell reduziert. Dabei werden mehr Daten gemeinsam ausgetauscht, als dies bei der Parallelisierung levelorientierter Verfahren in der Praxis der Fall ist. Die Kommunikationsanforderungen dieser neuen Verfahren sind somit geringer, und dies macht sie besonders geeignet für MIMD-Parallelrechner mit verteiltem Speicher sowie Netzwerke von Arbeitsplatzrechnern.

Weiterhin kann das Erzeugendensystem um diejenigen Basisfunktionen erweitert werden, welche zu all den Gittern mit im allgemeinen verschiedenen Maschenweiten für die einzelnen Koordinatenrichtungen gehören, die durch Semivergröberung aus dem feinsten Gitter entstehen. Wiederum erhalten wir durch Ritz-Galerkin-Diskretisierung ein lineares Gleichungssystem mit semidefiniter Matrix und können leicht level-, punkt- und gebietsorientierte Multilevelverfahren für seine Lösung konstruieren. Wiederum besitzen die punkt- und gebietsorientierten Verfahren Vorteile bei der Parallelisierung. Darüber hinaus sind die entstehenden Multilevelmethoden geeignet für anisotrope Diffusions-Probleme und Konvektions-Diffusions-Operatoren mit charakteristischen Richtungen längs der jeweiligen Koordinatenachsen ("grid alignment"). Schließlich lassen sich direkt Multilevelalgorithmen mit maschenweitenunabhängiger Konvergenzrate für Gleichungssysteme konstruieren, wie sie bei der Diskretisierung auf sogenannten dünnen Gittern entstehen.

In Kapitel 2 der vorliegenden Arbeit führen wir statt einer Basis für das feinste Gitter zunächst das Erzeugendensystem ein, das zusätzlich auch alle Standardbasen der gröberen Level mit umfaßt. Um uns von der starren Gittervorstellung zu lösen, wählen wir dabei eine allgemeine Beschreibungstechnik, bei der mit Hilfe sogenannter Masken beliebige Teilräume des Approximationsraums gekennzeichnet werden können. Mit dem Ritz-Galerkin-Diskretisierungsprozeß erhalten wir nun ein semidefinites lineares Gleichungssystem. Wir diskutieren seine Eigenschaften und seine Beziehung zum konventionellen definiten System, das sich bei Verwendung der Knotenbasis auf dem feinsten Diskretisierungslevel ergibt.

Kapitel 3 gibt einen Überblick über traditionelle iterative Methoden für die Lösung des semidefiniten Gleichungssystems. Dabei betrachten wir vorkonditionierte Gradientenverfahren, Jacobi- und Gauß-Seidel-Iterationen sowie ihre Block-Varianten und stellen den Zusammenhang zu additiven und multiplikativen Teilraumkorrekturmethoden her. Anschließend skizzieren wir eine auf Xu [125] basierende Konvergenztheorie für die verschiedenen Verfahren und stellen eine Reihe von Techniken für Konvergenzabschätzungen zusammen. Durch die Verwendung des semidefiniten Systems werden dabei die Voraussetzungen für Konvergenzbeweise additiver und multiplikativer Verfahren in einfacher algebraischer Schreibweise deutlich.

In Kapitel 4 wenden wir uns dann konkret vorkonditionierten Gradientenverfahren für das semidefinite System zu. Wir zeigen, daß der BPX-Vorkonditionierer und verwandte Multilevel-Vorkonditionierungsmethoden mittels des semidefiniten Systems als einfache Diagonalskalierung des Residuums interpretiert werden können. Die verallgemeinerte Kondition der semidefiniten Matrix, das heißt das Verhältnis zwischen größtem und kleinstem nicht-verschwindenden Eigenwert, bestimmt die Konvergenzrate der Gradientenverfahren. Sie ist dabei gleich der Kondition des BPX-Vorkonditionierers und somit nicht von der Zahl der Freiheitsgrade des semidefiniten Systems abhängig. Weiterhin demonstrieren wir, wie Gradientenverfahren für das semidefinite System effizient implementiert werden können, so daß die Zahl der benötigten Rechenoperationen lediglich proportional zur Zahl der Freiheitsgrade ist.

In Kapitel 5 studieren wir die Gauß-Seidel-Iteration für das levelweise angeordnete semidefinite System und demonstrieren, wie dieses Iterationsverfahren mittels eines sogenannten Reißverschlußprinzips effizient implementiert werden kann. Anschließend zeigen wir seine Gemeinsamkeiten mit dem Korrektur- und FAS-Schema der konventionellen Mehrgittermethode auf. Schließlich zeigen wir, daß das Gauß-Seidel-Verfahren unabhängig von der Zahl der Freiheitsgrade des semidefiniten Systems konvergiert. Von besonderem Interesse ist dabei, daß diese Aussage *unabhängig* von der zugrundeliegenden Anordnung der Unbekannten gilt. Dies erlaubt auch eine andere als die der Mehrgitterphilosophie zugrundeliegende levelweise Durchlaufreihenfolge.

In Kapitel 6 betrachten wir das semidefinite System aus diesem neuen Blickwinkel. Dabei gruppieren wir alle Unbekannten zusammen, die zum gleichen Gitterpunkt gehören, und erhalten eine punktorientierte Anordnung des semidefiniten Systems. Die resultierenden Gauß-Seidel- und Block-Gauß-Seidel-Verfahren lassen sich wiederum so implementieren, daß die Zahl der benötigten Rechenoperationen lediglich proportional zur Zahl der Freiheitsgrade ist. Die Verfahren konvergieren auch dann mit einer Rate, die unabhängig von der Zahl der Unbekannten ist.

Dieses Vorgehen wird in Kapitel 7 auf den Fall gebietszerlegter Block-Gauß-Seidel-Verfahren verallgemeinert. Dabei gruppieren wir all diejenigen Unbekannten zusammen, die in einem gemeinsamen Teilgebiet liegen. Mit Hilfe des semidefiniten Systems erhalten wir somit in natürlicher Weise Gebietszerlegungsverfahren mit mehrgitterartigen Konvergenzeigenschaften. Wir zeigen weiterhin, wie aufgrund unseres Erzeugendensystemansatzes in einfacher Weise für das bei konventionellen Gebietszerlegungsmethoden auftretende Schur-Komplement ein Vorkonditionierer mit einer Kondition der Ordnung $\mathcal{O}(1)$ konstruiert werden kann.

Das Konvergenzverhalten der einzelnen Verfahren studieren wir am Beispiel der Poisson-Gleichung ausführlich in Kapitel 8.

In Kapitel 9 wenden wir uns den Parallelisierungseigenschaften der unterschiedlichen Algorithmen zu. Zunächst schildern wir die bei der Parallelisierung levelartig arbeitender Methoden wie beim Mehrgitterverfahren oder einer levelweisen Implementierung des BPX-Vorkonditionierers angewandten Techniken und die dabei auftretenden Schwierigkeiten. Dann skizzieren wir das Vorgehen bei der Parallelisierung der punkt- und gebietsorientierten Algorithmen. Der entscheidende Vorteil ist, daß bei gegebener fester Zahl von Prozessoren die Zahl der notwendigen Kommunikationsschritte geringer ist und mehr Daten gemeinsam ausgetauscht werden können. Die Zahl der Kommunikationsschritte ist dabei nur von der Zahl der Prozessoren und nicht wie beim levelorientierten Zugang von der Zahl der Freiheitsgrade abhängig.

In Kapitel 10 geben wir eine Übersicht über die bei der Mehrgittermethode bekannten Modifikationstechniken des Ausgangsverfahrens, die zur Erzielung von Robustheit des Verfahrens eingesetzt werden können, wenn statt eines stark elliptischen Problems ein singulär gestörter Operator vorliegt. Wir übertragen diese Techniken mit Hilfe unseres semidefiniten Systems auf den Fall des Multilevel-Vorkonditionierers. Weiterhin machen wir uns erste, (wenn auch nur rudimentäre) Gedanken darüber, wie punktorientierte Verfahren modifiziert werden könnten, um Robustheit zu erzielen.

In Kapitel 11 erweitern wir dann das Erzeugendensystem um die Basisfunktionen, die zu Gittern gehören, die durch Semivergröberung in die verschiedenen Koordinatenrichtungen entstehen. Für das resultierende semidefinite System konstruieren wir nun analog zum bisherigen Vorgehen verschiedene level-, punkt- und gebietsorientierte Lösungsverfahren. Diese Methoden erweisen sich als robust für anisotrope Diffusionsprobleme. Weiterhin erhalten wir in gleicher Weise Multilevelverfahren für Probleme, bei deren Diskretisierung sogenannte dünne Gitter verwendet werden. In numerischen Experimenten zeigen wir schließlich die Konvergenzeigenschaften dieser neuen Verfahren auf.

Alle numerischen Berechnungen dieser Arbeit wurden am Institut für Informatik der TU München auf einem Arbeitsplatzrechner des Typs HP9000/750 durchgeführt, der mit 128 MegaByte Hauptspeicher und dem Betriebssystem HP-UX V9.01 ausgestattet ist. Die einzelnen Programme wurden in C geschrieben.

2 Das semidefinite System

Wir betrachten eine partielle, d-dimensionale Differentialgleichung mit einem selbstadjungierten, elliptischen linearen Operator zweiter Ordnung über dem Gebiet $\Omega = (0,1)^d$,

$$Lu = f \text{ auf } \Omega, \tag{1}$$

mit geeigneten Randbedingungen. Die exakte Lösung sei u. Um die folgenden Ausführungen notationell möglichst einfach zu halten, beschränken wir uns auf homogene Dirichlet-Randbedingungen.

Sei weiterhin ein geeigneter Funktionenraum V gegeben. Das betrachtete Randwertproblem läßt sich auch in der schwachen Formulierung schreiben: Gesucht ist eine Funktion $u \in V$ mit

$$a(u,v) = (f,v) \ \forall \ v \in V. \tag{2}$$

Im vorliegenden Fall homogener Dirichlet-Randbedingungen ist V der Sobolev-Raum $\mathcal{H}_0^1(\Omega)$. Dabei ist a: $V \times V \to \mathbb{R}$ eine beschränkte und koerzive positiv definite symmetrische Bilinearform mit $a(u,v) := (Lu,v)$ und

$$||\cdot||_a := a(.,.)^{1/2} \tag{3}$$

die dadurch induzierte Norm. Das innere Produkt (.,.) bezeichnet die übliche Linearform der rechten Seite, die die L_2-Norm

$$||\cdot||_0 := (.,.)^{1/2} \tag{4}$$

induziert.

Weiterhin nehmen wir an, daß V bezüglich $||.||_a$ vollständig ist. Dies gilt, wenn $a(.,.)$ V-elliptisch ist. Das Lax-Milgram-Lemma garantiert dann die Existenz und Eindeutigkeit der Lösung von (2).

Betrachten wir direkt das Funktional

$$J(u) = \frac{1}{2} \cdot a(u,u) - (f,u), \tag{5}$$

dann läßt sich unser Problem auch alternativ als Minimierung von $J(u)$ in V interpretieren.

Im folgenden führen wir, gestützt auf eine Multilevel-Zerlegung des Approximationsraums V, ein Erzeugendensystem ein, das neben den zum feinsten Level gehörenden Knotenbasisfunktionen zusätzlich auch alle Basisfunktionen der gröberen Level mit umfaßt. Dabei wählen wir eine allgemeine Beschreibungstechnik, bei der mit Hilfe sogenannter Masken beliebige Teilräume des Approximationsraums gekennzeichnet werden können. Nun erhalten wir mit dem Ritz-Galerkin-Diskretisierungprozeß ein semidefinites lineares Gleichungssystem. Wir diskutieren seine Eigenschaften und seine Beziehung zum konventionellen definiten System, das sich bei Verwendung einer Basis auf dem feinsten Diskretisierungslevel ergibt.

2.1 Zerlegung des Approximationsraumes

Basierend auf Argumenten der Approximationstheorie wird in Oswald [94] eine Zerlegung des Sobolev-Raums $\mathcal{H}_0^1(\Omega)$ betrachtet. Dabei legt man üblicherweise eine quasiuniforme und reguläre Ausgangssimplizialzerlegung T_0 von Ω, einen sogenannten Komplex, mit charakteristischem Elementdurchmesser $h_0 \approx 2^{-k_0}$ zugrunde. Ω kann im zweidimensionalen Fall ein polygonal, im allgemeinen Fall ein simplizial berandetes Gebiet sein. Im eindimensionalen Fall erhält man Linienelemente, im zweidimensionalen Fall Dreiecke und im dreidimensionalen Fall Tetraeder als Bausteine von T_0. Diese Ausgangssimplizialzerlegung wird schrittweise uniform verfeinert, was zur Sequenz

$$T_0 \subset T_1 \subset T_2 \subset \ldots \subset T_k \subset \ldots \tag{6}$$

von quasiuniformen Simplizialzerlegungen mit charakteristischem Elementdurchmesser $h_k \approx 2^{-k_0-k}$, $k \to \infty$, führt. Ein illustrierendes Beispiel ist in Abbildung 1 dargestellt.

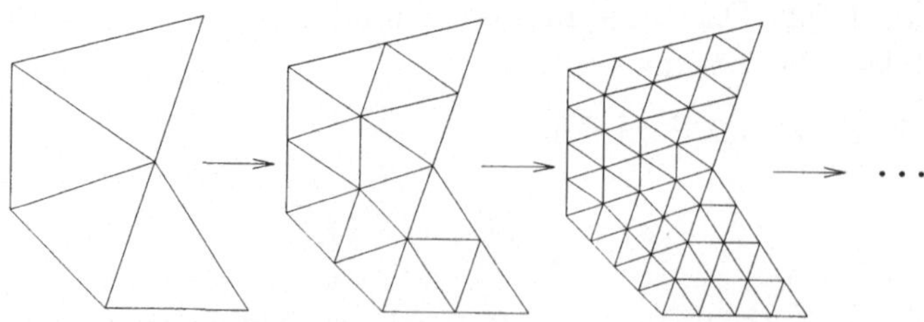

ABB. 1: *Sequenz von Simplizialzerlegungen, zweidimensionaler Fall.*

Zugehörig ist die Sequenz von Teilräumen stückweise linearer Funktionen

(7) $$V_0 \subset V_1 \subset V_2 \subset \ldots \subset V_k \subset \ldots$$

von $L_2(\Omega)$ bezüglich $\{T_k\}$.

Für die Auflösung eines $d-1$-simplizial berandeten Gebietes mittels einer möglichst groben Ausgangszerlegung sind d-Simplizes gut geeignet. Sie besitzen eine größere geometrische Flexibilität als Quadrate oder Würfel. Oftmals ist es aber möglich, eine Abbildung anzugeben, mit deren Hilfe ein gegebenes Grundgebiet zu einem aus i.a. mehreren Quadraten beziehungsweise Würfeln bestehenden Gebiet transformiert werden kann. Ein Beispiel ist in Abbildung 2 gegeben.

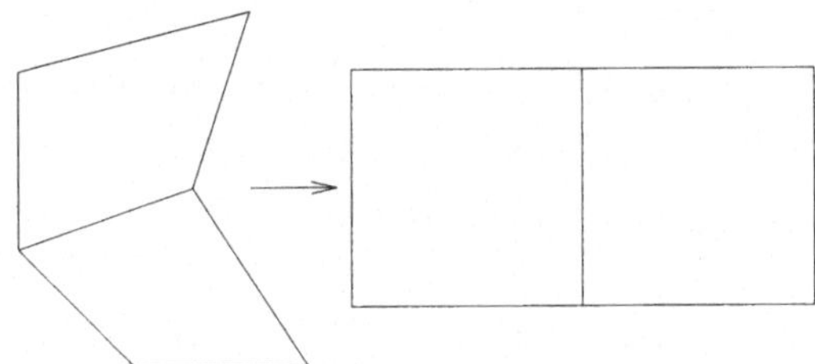

ABB. 2: *Abbildung auf Quadrate.*

Deswegen wollen wir statt Dreiecken oder Tetraedern im folgenden der Einfachheit halber Quadrate oder Würfel und daraus resultierende Rechtecksnetze benutzen. Wir beschränken uns dabei auf das Gebiet $\Omega = (0,1)^d$ und gehen davon aus, daß Ω mit dem trivialen uniformen Ausgangsgitter Ω_0 der Maschenweite $h_0 = 2^{-0}$ versehen ist. Ω_0 wird gerade durch die Eckpunkte von Ω gebildet. Durch schrittweise uniforme Verfeinerung entsteht dann eine Sequenz von uniformen, äquidistanten Gittern

(8) $$\Omega_1 \subset \Omega_2 \subset \Omega_3 \subset \ldots \subset \Omega_k \subset \ldots$$

über Ω mit den jeweiligen Gitterweiten h_l=2^{-l}, l=1,2,3,...,k,... . Dies ist in Abbildung 3 dargestellt.

Zugehörig ist nun die Sequenz (7) von Teilräumen V_l stückweise d-linearer Funktionen der Dimension

(9) $$n_l := dim(V_l) = (2^l - 1)^d, \quad l = 1, 2, 3, \ldots, k, \ldots$$

von $L_2(\Omega)$ bezüglich $\{\Omega_k\}$.

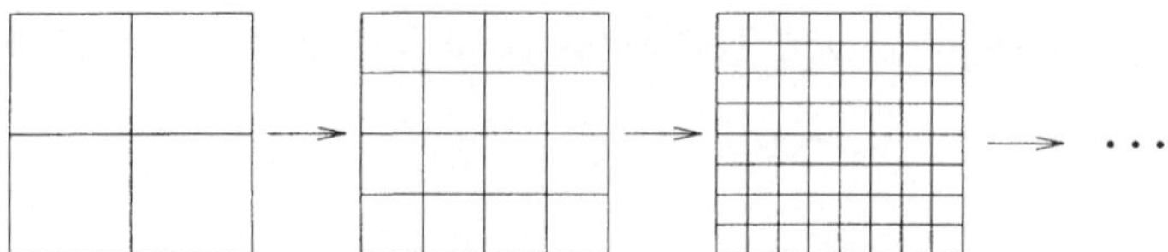

ABB. 3: *Sequenz von Gittern, zweidimensionaler Fall.*

Weiterhin betrachten wir die Sequenz

$$N_1 \subset N_2 \subset N_3 \subset \ldots \subset N_k \subset \ldots \tag{10}$$

der Mengen von Gitterpunkten $N_l{=}\{x_{l,1},\ldots,x_{l,n_l}\}$ im Inneren von Ω_l für $l = 1,2,3,\ldots,k,\ldots$, sowie die Sequenz

$$B_1 \subset B_2 \subset B_3 \subset \ldots \subset B_k \subset \ldots \tag{11}$$

von Basen $B_l = \{\phi_{l,i}\}$ für V_l. Hierbei wollen wir die bekannten Standard-Knotenbasen auf $\Omega_l, l = 1,2,\ldots,k,\ldots$, verwenden.

Nun zerlegen wir den Sobolev-Raum $\mathcal{H}_0^1(\Omega)$ als

$$\mathcal{H}_0^1(\Omega) = \overline{V_\infty} \text{ mit } V_\infty = \sum_{l=1}^{\infty} V_l = \sum_{l=1}^{\infty}\sum_{i=1}^{n_l} V_{l,i}, \tag{12}$$

wobei $V_{l,i} := span\{\phi_{l,i}\}$. Man vergleiche auch Oswald [94].

Liegt einmal diese Darstellung für eine Zerlegung des Sobolev-Raumes zugrunde, dann ist es leicht, endlichdimensionale Teilräume und ihre Zerlegungen zu beschreiben. Der übliche, zum vollen Gitter Ω_k gehörige Raum V_k läßt sich zerlegen als

$$V_k := \sum_{l=1}^{k} V_l = \sum_{l=1}^{k}\sum_{i=1}^{n_l} V_{l,i}. \tag{13}$$

Darüber hinaus lassen sich leicht allgemeinere Gitter und zugehörige Räume sowie Zerlegungen davon beschreiben. Dazu erweitern wir (12) um eine unendliche Maske

$$M := (m_{l,i})_{l\in\mathbb{N},1\le i\le n_l}, \qquad m_{l,i} \in \{0,1\}, \tag{14}$$

mit deren Hilfe sich sowohl allgemeine endlich- und unendlichdimensionale Teilräume von $\mathcal{H}_0^1$ als auch deren mögliche Zerlegungen als Mengen von Teilräumen beschreiben lassen. Wir erhalten

$$V_M = \sum_{l=1}^{\infty}\sum_{i=1}^{n_l} m_{l,i} \cdot V_{l,i}. \tag{15}$$

Durch die Koeffizienten der jeweiligen Maske ist es möglich geworden, im Gegensatz zur reinen Mengenvereinigung wie etwa in (12) sowohl Teilräume von $\mathcal{H}_0^1$ als auch ihre Verfeinerungsgeschichte, das heißt ihre Zerlegungsstruktur, explizit anzugeben.

Beispielsweise entspricht der Voll-Gitter-Raum V_k jetzt der Maske

$$(16) \qquad M_{\Omega_k} = (m_{l,i})_{l\in\mathbb{N},1\leq i\leq n_l}, \qquad m_{l,i} = \begin{cases} 1 & \text{für } l = k \\ 0 & \text{sonst.} \end{cases}$$

Seine Zerlegung, die der Standard-Vergröberung entspricht, läßt sich mit

$$(17) \qquad M_{(\Omega_1,\ldots,\Omega_k)} = (m_{l,i})_{l\in\mathbb{N},1\leq i\leq n_l}, \qquad m_{l,i} = \begin{cases} 1 & \text{für } l \leq k \\ 0 & \text{sonst} \end{cases}$$

angeben.

Darüber hinaus lassen sich mit Hilfe der unendlichen Masken auch allgemeine, adaptiv verfeinerte Gitter und ihre zugehörige Sequenz adaptiv verfeinerter Teilräume $\tilde{V}_1 \subset \tilde{V}_2 \subset \ldots \subset \tilde{V}_k$ genauso leicht beschreiben wie etwa der Voll-Gitter-Raum V_k und seine Zerlegungen. Abbildung 4 zeigt ein Beispiel für ein zusammengesetztes Gitter, wie es typischerweise im Zusammenhang mit adaptiven Mehrgitterverfahren entsteht. Mit $x_{l,i}$ bezeichnen wir dabei den Gitterpunkt, in dem die Basisfunktion $\phi_{l,i}$ zentriert ist. Interessant ist, daß die

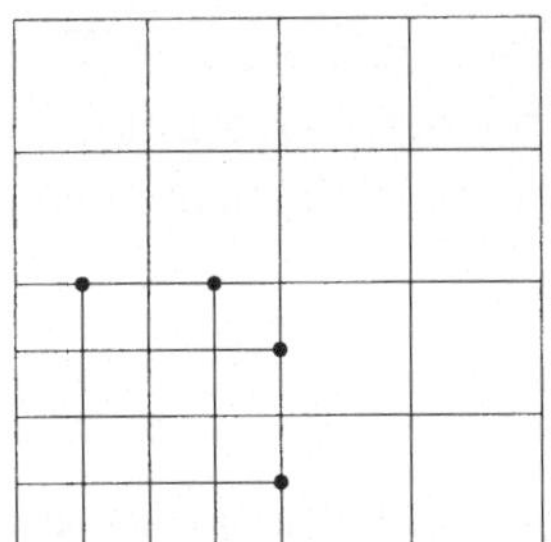

$m_{1,1} = 1$
$m_{2,i} = 1$ für $i = 1, \ldots, n_2$
$m_{3,i} = \begin{cases} 1 \text{ für } x_{3,i} \in (0, 0.5)^2 \\ 0 \text{ sonst} \end{cases}$
$m_{l,i} = 0$ für $l > 3, i = 1, \ldots, n_l$

ABB. 4: *Zusammengesetztes Gitter und seine Maskenkoeffizienten.*

hier angegebene Maske M bereits die Zerlegung des Raums V_M mit beinhaltet. Der gleiche Raum würde auch mit $m_{1,1} = 0$, $m_{2,i} = 0$ für $x_{2,i} \in (0, 0.5)^2$, $m_{2,i} = 1$ sonst, und $m_{l,i}$ mit $l \geq 3$ wie oben aufgespannt.

In vielen adaptiven Mehrgitterprogrammen wie etwa MLAT [4], [23] FAC [78], PLMTG [6], MGGHAT [81] oder UG [9] spielen die in Abbildung 4 mit •

gekennzeichneten Punkte eine Sonderrolle. Sie liegen auf dem inneren Rand eines lokal verfeinerten Teilgebiets und müssen geeignet behandelt werden. Löst man sich jedoch von der levelorientierten Gitterdenkweise und geht zu unserer mengenorientierten Maske über, dann sieht man, daß es keine Rolle spielt, ob ein Punkt auf einem lokalen Gitterrand sitzt oder nicht. Entscheidend ist ausschließlich, ob zu diesem Punkt ein Maskenkoeffizient mit dem Wert 1 und damit ein Teilraum von $\mathcal{H}_0^1$ zugeordnet ist oder nicht.

Mittels unserer Masken lassen sich ferner allgemeinere Teilräume beschreiben, die keine direkte Gitterinterpretation mehr besitzen. Ein Beispiel ist in Abbildung 5 gegeben.

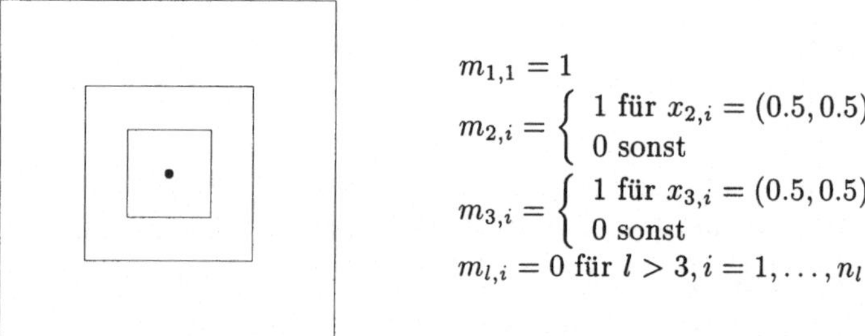

ABB. 5: *Träger der Funktionen $\phi_{l,i}, l = 1,2,3$, die im Mittelpunkt von $\Omega = (0,1)^2$ zentriert sind, und ihre zugehörigen Maskenkoeffizienten.*

Die Zerlegung von $\mathcal{H}_0^1$ ist also ein sehr allgemeines Prinzip, aus dem nun im folgenden ein Erzeugendensystem für die Darstellung von Funktionen und die Diskretisierung und Lösung von Differentialgleichungen abgeleitet wird.

2.2 Das Erzeugendensystem

Bei der Darstellung einer Funktion wird üblicherweise die Eindeutigkeit der Darstellung gefordert. Dazu benötigt man eine Basis des jeweiligen Raums. Dann läßt sich die Funktion auf eindeutige Weise als Linearkombination von Basisfunktionen schreiben.

Die übliche Finite-Elemente-Basis B_k, die den Raum V_k über dem äquidistanten Gitter Ω_k aufspannt, enthält die bezüglich Ω_k stückweise d-linearen Funktionen $\phi_{k,i}$, i=1,. . . ,n_k, die definiert sind durch

$$\phi_{k,i}(x_{k,j}) = \delta_{i,j}, \quad x_{k,j} \in N_k. \tag{18}$$

Beispiele für Basisfunktionen zeigt Abbildung 6.

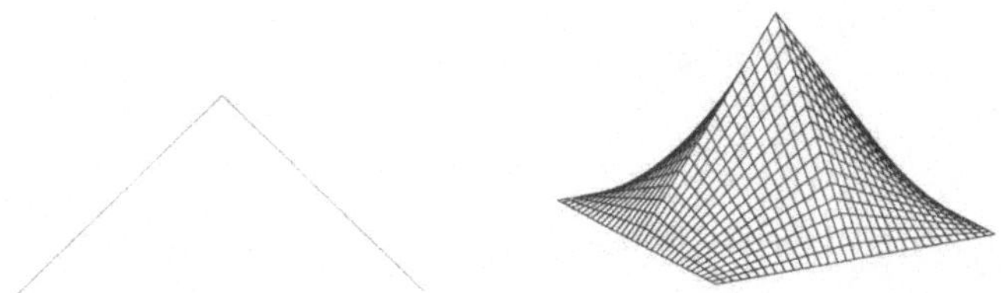

ABB. 6: *Beispiele für ein- und zweidimensionale Knotenbasisfunktionen.*

Eine Funktion $u \in V_k$ kann nun eindeutig dargestellt werden als

$$u = \sum_{\phi \in B_k} u_\phi^{B_k} \cdot \phi \tag{19}$$

mit dem Vektor $u^{B_k} := (u_\phi^{B_k})_{\phi \in B_k} \in \mathbb{R}^{n_k}$ von Knotenwerten. Hierbei legen wir zunächst noch keine konkrete Anordnung der Basisfunktionen und der Knotenwerte zugrunde.

Bei beliebig gegebener Maske $M = (m_{l,i})$ jedoch läßt sich eine Funktion $u \in V_M$ nicht mehr sofort mit Hilfe einer Knotenbasis darstellen. Falls M nur eine endliche Anzahl von Einsen enthält, besteht zwar die Möglichkeit, einen zu V_M gehörigen umfassenden Feingitterraum $V_{l_{\max}} \supset V_M$ mit $l_{\max} = \max\{l \in \mathbb{N} : \exists\, m_{l,i} = 1\}$ zu finden und die zugehörige Knotenbasis $B_{l_{\max}}$ zu verwenden. Dann aber sind weit mehr Koeffizienten zu berechnen und zu speichern, als wirklich für V_M notwendig sind.

Statt dessen definieren wir für den Raum V_M eine zusammengesetzte Knotenbasis B_M. Dazu erzeugen wir aus M eine Maske $\hat{M}$, indem wir für $l = 2, \ldots, l_{\max}$ die Regel

$$(|F_{l,i}| = 0) \vee (|F_{l,i}| = 1 \wedge m_{l-1,i} = 1)$$
$$\Rightarrow \begin{cases} m_{l-1,i} := 0 \\ m_{l,j} := 1 \quad \forall x_{l,j} \in F_{l,i} \end{cases}$$

solange wiederholt für $i = 1, \ldots, n_{l-1}$ anwenden, bis keine Änderung mehr bewirkt wird. Es gilt $V_M = V_{\hat{M}}$. Die Menge $F_{l,i}$ ist dabei definiert als

$$F_{l,i} = \{x_{l,j} \in N_l \cap \operatorname{supp}(\phi_{l-1,i}) : m_{l,j} = 0\}. \tag{20}$$

Abbildung 7 zeigt ein eindimensionales Beispiel für die Wirkungsweise dieser Regel.

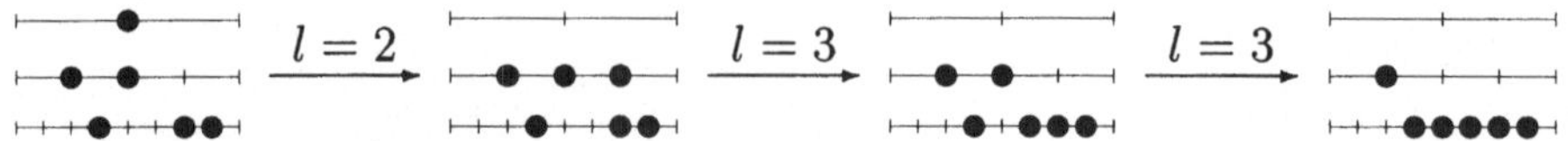

ABB. 7: *Beispiel für die Wirkungsweise der Regel zur Erzeugung von $\hat{M}$.*

Die zu M bzw. $\hat{M}$ gehörige zusammengesetzte Knotenbasis ist nach diesem Iterationsprozeß gegeben durch

$$B_M = \{\phi_{l,i} : m_{l,i} = 1\}. \tag{21}$$

B_M ist also aus den jeweils lokal feinsten Basisfunktionen zusammengesetzt. Im Fall $V_M = V_l$ gilt direkt $B_M = B_l$.

Eine Funktion $u \in V_M$ kann nun eindeutig dargestellt werden als

$$u = \sum_{\phi \in B_M} u_\phi^{B_M} \cdot \phi \tag{22}$$

mit dem Vektor $u^{B_M} := (u_\phi^{B_M})_{\phi \in B_M}$ von Knotenwerten. Die Länge des Vektors u^{B_M} ist $n^{B_M} := |B_M|$.

Der Gebrauch der Knotenbasis hat jedoch den Nachteil, daß eine adaptive Erweiterung des Raumes nicht unterstützt wird. Will man etwa für $V_{M_1} \subset V_{M_2}$ eine Funktion aus V_{M_1} in V_{M_2} mittels B_{M_2} darstellen, dann müssen die zu $B_{M_2} \backslash B_{M_1}$ gehörigen Knotenwerte mittels Interpolation explizit berechnet und gespeichert werden.

Dies läßt sich durch die Verwendung einer hierarchischen Basis vermeiden. Dabei werden, wie in Yserentant [126] demonstriert, alle Basisfunktionen von B_l herangezogen, die nicht in $B_{l-1}, l = 2, 3, \ldots,$ enthalten sind. Mit

$$\tilde{B}_l = \begin{cases} B_1 & \text{für } l = 1, \\ \{\phi_{l,i} \in B_l : x_{l,i} \notin N_{l-1}\} & \text{für } l > 1 \end{cases} \tag{23}$$

erhalten wir für den Raum V_∞, dessen Abschluß $\mathcal{H}_0^1$ darstellt, beziehungsweise für den Raum V_k die hierarchische Basis

$$H_\infty = \bigcup_{l=1}^{\infty} \tilde{B}_l \quad \text{bzw.} \quad H_k = \bigcup_{l=1}^{k} \tilde{B}_l. \tag{24}$$

Damit läßt sich auch für jeden zu einer beliebigen Maske $M = (m_{l,i})$ gegebenen Teilraum V_M direkt eine hierarchische Basis $H_M \subset H_\infty$ angeben. Dazu erzeugen wir aus M eine Maske $\tilde{M}$, indem wir für $l = l_{\max}, \dots, 2$ die Regel

$$(|F_{l,i}| = 0) \vee (|F_{l,i}| = 1 \wedge m_{l-1,i} = 1)$$
$$\Rightarrow \begin{cases} m_{l-1,i} := 1 \\ m_{l,j} := 1 \quad \forall x_{l,j} \in F_{l,i},\ x_{l,j} \neq x_{l-1,i} \\ m_{l,j} := 0 \quad x_{l,j} = x_{l-1,i} \end{cases}$$

solange wiederholt für $i = 1, \dots, n_{l-1}$ anwenden, bis keine Änderung mehr bewirkt wird. $F_{l,i}$ ist dabei wie in (20) definiert. Wiederum gilt $V_M = V_{\tilde{M}}$. Abbildung 8 zeigt ein eindimensionales Beispiel für die Wirkungsweise dieser Regel.

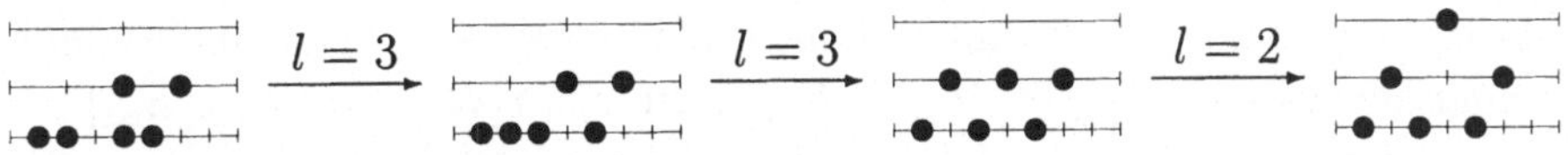

$l = 3$ $l = 3$ $l = 2$

ABB. 8: *Beispiel für die Wirkungsweise der Regel zur Erzeugung von $\tilde{M}$.*

Die zu M bzw. $\tilde{M}$ gehörige hierarchische Basis definieren wir nach Abschluß des beschriebenen Iterationsprozesses als

$$H_M = \{\phi_{l,i} : m_{l,i} = 1\}. \tag{25}$$

Nun läßt sich eine Funktion $u \in V_M$ eindeutig durch

$$u = \sum_{\phi \in H_M} u_\phi^{H_M} \cdot \phi \tag{26}$$

mit dem Vektor $u^{H_M} := (u_\phi^{H_M})_{\phi \in H_M}$ von hierarchischen Werten ausdrücken. Dieser Vektor hat die Länge $|H_M|$ und ist bis auf die H_M zugrundeliegende Anordnung der Basisfunktionen eindeutig bestimmt.

Der Gebrauch einer Basis hat den Vorteil, daß jede Funktion eindeutig dargestellt werden kann. Jedoch ist bei der effizienten Lösung des Variationsproblems die Verwendung einer Basis oftmals ein Nachteil. Beispielsweise ist für V_l das mit der Knotenbasis B_l entstehende lineare System im allgemeinen nicht gut konditioniert, und Algorithmen für seine Lösung müssen durch relativ komplizierte Techniken wie die BPX-Vorkonditionierung oder, aus der Mehrgittersicht, durch Grobgitterkorrekturen beschleunigt werden. Auch der Einsatz der hierarchischen Basis hat, insbesondere im höherdimensionalen Fall, ähnliche Nachteile.

Deswegen erlauben wir im folgenden eine *nicht-eindeutige* Darstellung von Funktionen, indem wir statt dessen, motiviert durch die Betrachtungen des vorigen Abschnitts, ein Erzeugendensystem benutzen.

Dazu betrachten wir die Menge E_∞ bzw. E_k von Funktionen, die als die Vereinigung aller Knotenbasen B_l für die Level $l = 1, \ldots, \infty$ bzw. $l = 1, \ldots, k$ definiert ist, d.h.

$$(27) \qquad E_\infty = \bigcup_{l=1}^{\infty} B_l \quad \text{bzw.} \quad E_k = \bigcup_{l=1}^{k} B_l.$$

Dies entspricht der Zerlegung (12). Da die Menge E_∞ nun linear abhängige Funktionen enthält, ist sie nicht länger eine Basis für V_∞, sondern nur ein Erzeugendensystem. Es gilt $H_\infty \subset E_\infty$ sowie $span\{H_\infty\} = span\{E_\infty\} = V_\infty$. Analoge Aussagen gelten für E_k. Nun läßt sich auch für jeden zu einer bestimmten Maske $M = (m_{l,i})$ gegebenen Teilraum V_M direkt das Erzeugendensystem $E_M \subset E_\infty$ angeben. Dazu erzeugen wir aus M eine maximale Maske $\bar{M}$, indem wir die Regel

$$\begin{aligned} &(|F_{l,i}| = 0) \vee (|F_{l,i}| = 1 \wedge m_{l-1,i} = 1) \\ \Rightarrow &\begin{cases} m_{l-1,i} := 1 \\ m_{l,j} := 1 \quad \forall x_{l,j} \in F_{l,i} \end{cases} \end{aligned}$$

solange für $l = l_{\max}, \ldots, 2$ *und* für $i = 1, \ldots, n_{l-1}$ anwenden, bis keine Änderung mehr bewirkt wird. Wiederum gilt $V_M = V_{\bar{M}}$. Abbildung 9 zeigt ein eindimensionales Beispiel für die Wirkungsweise dieser Regel.

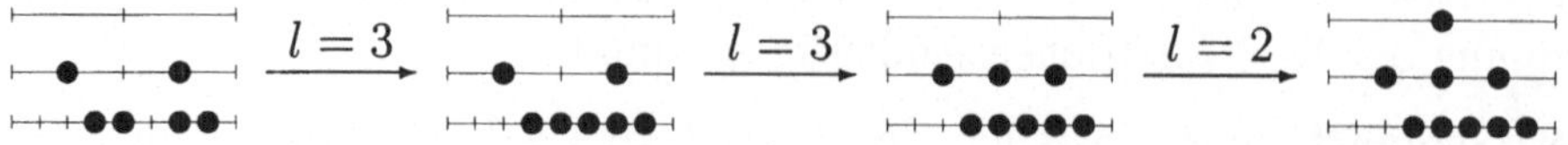

$l = 3$ $l = 3$ $l = 2$

ABB. 9: *Beispiel für die Wirkungsweise der Regel zur Erzeugung von $\bar{M}$.*

Das zu M beziehungsweise $\bar{M}$ gehörige Erzeugendensystem definieren wir dann nach Abschluß des beschriebenen Iterationsprozesses als

$$E_M = \{\phi_{l,i} : m_{l,i} = 1\}. \tag{28}$$

Im allgemeinen ist E_M keine Basis für V_M, da linear abhängige Funktionen enthalten sind. Lediglich in dem speziellen Fall $|E_M| = |B_M|$ ist E_M eine Basis von V_M. Die zusammengesetzte Knotenbasis B_M und die hierarchische Basis H_M sind jedoch immer in E_M enthalten.

Abbildung 10 zeigt ein einfaches eindimensionales Beispiel für das Erzeugendensystem E_3 des Raums V_3.

ABB. 10: *Funktionen des Erzeugendensystems E_3 im eindimensionalen Fall.*

Nun läßt sich jede Funktion $u \in V_M$ bezüglich des Erzeugendensystems E_M darstellen als

$$u = \sum_{\phi \in E_M} u_\phi^{E_M} \cdot \phi \tag{29}$$

mit einem Vektor $u^{E_M} := (u_\phi^{E_M})_{\phi \in E_M}$ bei einer gegebenen Anordnung von E_M. Die Länge von u^{E_M} ist

$$n^{E_M} := |E_M| \leq \frac{2^d}{2^d - 1} \cdot n^{B_M}. \tag{30}$$

Der Wert $2^d/(2^d - 1)$ rührt vom geometrischen Wachstum der Zahl der Gitterpunkte von einem Level zum nächstfeineren Level mit dem Faktor 2^d her.

Im Vollgitterfall V_k wird der Wert $2^d/(2^d-1)$ sogar asymptotisch für $k \to \infty$ erreicht. Wir ersehen aus (30), daß die Verwendung des Erzeugendensystems E_M im Vergleich zur Verwendung einer Basis lediglich zu einem konstanten Vielfachen des Aufwands führt.

Jedoch ist die Darstellung (29) einer Funktion bezüglich des Erzeugendensystems E_M im Fall $n^{E_M} \neq n^{B_M}$ nicht eindeutig. Im allgemeinen existiert eine Vielzahl von Zerlegungen von $u \in V_M$. Wir können aber für eine gegebene Darstellung u^{E_M} von u in E_M durch Interpolation und Summation leicht die eindeutige Darstellung u^{B_M} in B_M berechnen. Diese Transformation von u^{E_M} auf u^{B_M} entspricht einer surjektiven linearen Abbildung $S^{EB_M} : \mathbb{R}^{n^{E_M}} \to \mathbb{R}^{n^{B_M}}$, die als rechteckige (n^{B_M}, n^{E_M})-Matrix mit den Einträgen

(31) $$(S^{EB_M})_{i,j} := \psi_j(x_i), \qquad \phi_i \in B_M, \psi_j \in E_M$$

geschrieben werden kann. Ihre Einträge ergeben sich gerade durch die Auswertung der Funktionen $\psi_j \in E_M$ an den Punkten x_i, an denen die Funktionen $\phi_i \in B_M$ zentriert sind. Dann gilt

(32) $$u^{B_M} = S^{EB_M} u^{E_M}.$$

Interessant ist nun, daß die Identität in der Basisdarstellung B_M eine Äquivalenzrelation $\equiv$ in E_M beziehungsweise $\mathbb{R}^{n^{E_M}}$ definiert, die sich von der einfachen Vektorgleichheit unterscheidet. Damit können wir zwei verschiedene Darstellungen einer Funktion aus V_M bezüglich E_M identifizieren. Es gilt

(33) $$u^{E_M,1} \equiv u^{E_M,2} \Leftrightarrow_{def} S^{EB_M} u^{E_M,1} = S^{EB_M} u^{E_M,2}$$

Wir sehen, daß zwei verschiedene Darstellungen $u^{E_M,1}$ und $u^{E_M,2}$ von u sich nur um einen Vektor $v^{E_M} = u^{E_M,1} - u^{E_M,2}$ unterscheiden, der in $Kern(S^{EB_M})$, dem Kern der Abbildung S^{EB_M}, enthalten ist. S^{EB_M} ist also konstant auf den Nebenklassen von $Kern(S^{EB_M})$, vergleiche Abbildung 11. Diese Zusammenhänge werden gerade im wohlbekannten Homomorphiesatz für Vektorräume ausgedrückt.

2.3 Die Ritz-Galerkin-Diskretisierung und das semidefinite System

Mit Verwendung der Knotenbasis B_M erhalten wir für $u \in V_M$ durch das Ritz-Galerkin-Verfahren [18] das diskrete Variationsproblem

(34) $$\forall \phi_i \in B_M : a(u, \phi_i) = (f, \phi_i)$$

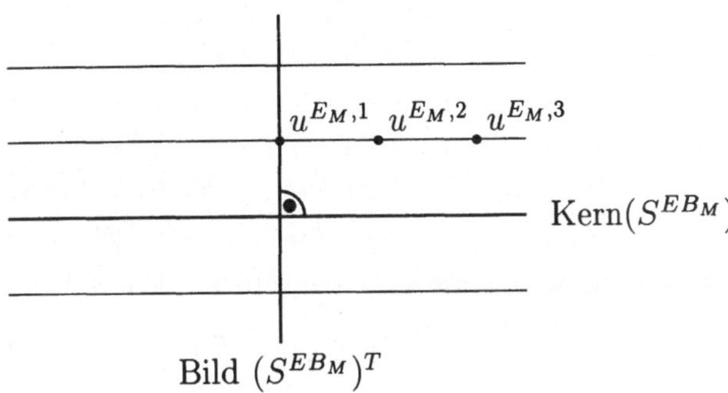

ABB. 11: *Nebenklassen von Kern(S^{EB_M}).*

und für den Vektor $u_k^{B_M}$ der Knotenwerte das äquivalente lineare Gleichungssystem

$$L^{B_M}u^{B_M} = f^{B_M}, \tag{35}$$

wobei

$$\begin{array}{rclr} (L^{B_M})_{i,j} & := & a(\phi_j,\phi_i), & \phi_i,\phi_j \in B_M, \\ (f^{B_M})_i & := & (f,\phi_i), & \phi_i \in B_M. \end{array} \tag{36}$$

Alternativ dazu können wir auch das diskrete Funktional

$$J^{B_M}(u^{B_M}) := \frac{1}{2}\cdot(u^{B_M})^T L^{B_M} u^{B_M} - (u^{B_M})^T f^{B_M} \tag{37}$$

benutzen, um das Problem als Energieminimierung im Raum V_M beziehungsweise im $\mathbb{R}^{n^{B_M}}$ zu beschreiben. Die der Matrix L^{B_M} zugeordnete Vektornorm $\|.\|_{L^{B_M}}$ auf $\mathbb{R}^{n^{B_M}}$ sei definiert als

$$\|u^{B_M}\|_{L^{B_M}} := ((u^{B_M})^T L^{B_M} u^{B_M})^{1/2}. \tag{38}$$

Es ist leicht zu sehen, daß $\|u\|_a = \|u^{B_M}\|_{L^{B_M}}$ für alle $u \in V_M$ mit $u = \sum_{\phi\in B_M} u_\phi^{B_M}\cdot\phi$.

Bei Verwendung des Erzeugendensystems E_M erhalten wir duch das Ritz-Galerkin-Verfahren das Variationsproblem

$$\forall\phi_i \in E_M : a(u,\phi_i) = (f,\phi_i) \tag{39}$$

und, mit der Darstellung (29), das lineare System

$$(40) \qquad L^{E_M} u^{E_M} = f^{E_M},$$

wobei

$$(41) \qquad \begin{array}{rcll} (L^{E_M})_{i,j} & := & a(\phi_j, \phi_i), & \phi_i, \phi_j \in E_M, \\ (f^{E_M})_i & := & (f, \phi_i), & \phi_i \in E_M. \end{array}$$

Alternativ können wir wiederum das diskrete Funktional

$$(42) \qquad J^{E_M}(u^{E_M}) := \frac{1}{2} \cdot (u^{E_M})^T L^{E_M} u^{E_M} - (u^{E_M})^T f^{E_M}$$

verwenden, um das Problem als (nun nicht-eindeutige) Minimierung im $\mathbb{R}^{n^{E_M}}$ zu beschreiben.

Da $B_M \subseteq E_M$ gilt, ist es klar, daß die erweiterte Matrix L^{E_M} die Matrizen $L^{B_{\check{M}}}, \forall \check{M} : V_{\check{M}} \subset V_M$ als Minoren enthält. Das gleiche gilt für die rechten Seiten.

Schließlich sind auch die Matrix und die rechte Seite des Systems

$$(43) \qquad L^{H_M} u^{H_M} = f^{H_M}$$

mit

$$(44) \qquad \begin{array}{rcll} (L^{H_M})_{i,j} & := & a(\phi_j, \phi_i), & \phi_i, \phi_j \in H_M, \\ (f^{H_M})_i & := & (f, \phi_i), & \phi_i \in H_M, \end{array}$$

die durch die Diskretisierung mittels der hierarchischen Basis H_M entstehen, in L^{E_M} beziehungsweise f^{E_M} enthalten.

Das System $L^{E_M} u^{E_M} = f^{E_M}$ hat die folgenden Eigenschaften: Die Matrix L^{E_M} ist semidefinit. Sie hat den gleichen Rang wie die definite Matrix L^{B_M}, die durch den Ritz-Galerkin-Ansatz bei Verwendung der zusammengesetzten Knotenbasis B_M entsteht. Folglich sind $n^{E_M} - n^{B_M}$ Eigenwerte gleich Null. Damit ergibt die konventionelle Definition der Konditionszahl als das Verhältnis zwischen größtem und kleinstem Eigenwert den Wert ∞. Deswegen definieren wir statt dessen mit dem größten und dem kleinsten *nicht-verschwindenden* Eigenwert

$$(45) \qquad \begin{array}{rcl} \tilde{\lambda}_{\min}^{(L^{E_M}, I^{E_M})} & := & \min\limits_{v^{E_M} \perp Kern(L^{E_M})} \left(\dfrac{(v^{E_M})^T L^{E_M} v^{E_M}}{(v^{E_M})^T I^{E_M} v^{E_M}} \right), \\ \lambda_{\max}^{(L^{E_M}, I^{E_M})} & := & \max\limits_{v^{E_M} \perp Kern(I^{E_M})} \left(\dfrac{(v^{E_M})^T L^{E_M} v^{E_M}}{(v^{E_M})^T I^{E_M} v^{E_M}} \right) \end{array}$$

die *verallgemeinerte* Kondition

$$\tilde{\kappa}(L^{E_M}, I^{E_M}) := \frac{\lambda_{\max}^{(L^{E_M}, I^{E_M})}}{\tilde{\lambda}_{\min}^{(L^{E_M}, I^{E_M})}}. \tag{46}$$

Dabei ist die Minimumsbildung für $\lambda_{\min}$ auf das orthogonale Komplement $\{v^{E_M} \perp Kern(L^{E_M})\}$ des Nullraums von L^{E_M} eingeschränkt. Die Identität I^{E_M} führen wir im Nenner des Rayleighquotienten explizit mit, um später auch für den Fall der Vorkonditionierung mit einer allgemeineren Matrix W^{E_M} die gleichen Definitionen benutzen zu können. Diese verallgemeinerte Kondition wird ausschlaggebend für die Konvergenzrate von bestimmten Iterationsverfahren zur Lösung von (40) sein.

Anstelle der Formulierung mittels der Bilinearform $a(.,.)$ und der Linearform $(f,.)$, die explizite Integration für alle $\phi \in E_M$ nach sich zieht, können wir alternativ dazu L^{E_M} und f^{E_M} in einer einfachen Produktdarstellung schreiben, bei der lediglich der Transformationsoperator S^{EB_M} und die Diskretisierungen L^{B_M} und f^{B_M} vorkommen. Mit der Transformation von E_M nach B_M, die durch $u^{B_M} = S^{EB_M} u^{E_M}$ ausgedrückt werden kann, erhalten wir

$$L^{E_M} = (S^{EB_M})^T L^{B_M} S^{EB_M}, \qquad f^{E_M} = (S^{EB_M})^T f^{B_M}. \tag{47}$$

Dies läßt sich als eine Art "semidefinite" Vorkonditionierung des Gleichungssystems $L^{B_M} u^{B_M} = f^{B_M}$ interpretieren. Dann ist es leicht zu sehen, daß die Energie der beiden Systeme gleich ist. Es gilt

$$J^{E_M}(u^{E_M}) = J^{B_M}(u^{B_M}). \tag{48}$$

Zudem ist für beliebige $u^{E_M,1}, u^{E_M,2} \in \mathbb{R}^{n^{E_M}}$

$$u^{E_M,1} \equiv u^{E_M,2} \Rightarrow J^{E_M}(u^{E_M,1}) = J^{E_M}(u^{E_M,2}). \tag{49}$$

Mit (47) wird klar, daß $Kern(L^{E_M}) = Kern(S^{EB_M})$ gilt. Man vergleiche dazu auch Abbildung 11.

Das System $L^{E_M} u^{E_M} = f^{E_M}$ ist lösbar, da die rechte Seite in konsistenter Weise konstruiert ist, so daß $Rang(L^{E_M}) = Rang(L^{E_M}, f^{E_M})$ gilt. Das System hat aber nicht nur eine, sondern viele Lösungen. Jedoch ergibt die Überführung zweier verschiedener Lösungen $u^{E_M,1}$ und $u^{E_M,2}$ in ihre Darstellung in B_M mittels S^{EB_M} die eindeutige Lösung u^{B_M} von $L^{B_M} u^{B_M} = f^{B_M}$. Es gilt

$$S^{EB_M} u^{E_M,1} = S^{EB_M} u^{E_M,2} = u^{B_M}. \tag{50}$$

Zwei verschiedene Lösungen von (40) unterscheiden sich also nur um einen Vektor, der im Kern von S^{EB_M} liegt. Deswegen ist es ausreichend, irgendeine Lösung des semidefiniten Systems (40) zu berechnen, um dann mittels S^{EB_M} die eindeutige Lösung von (35) zu erhalten.

Die der Matrix L^{E_M} zugeordnete Seminorm $\|.\|_{L^{E_M}}$ auf $\mathbb{R}^{n^{E_M}}$ sei definiert als

(51) $$\|u^{E_M}\|_{L^{E_M}} := ((u^{E_M})^T L^{E_M} u^{E_M})^{1/2}.$$

Dann gilt für beliebiges $u \in V_M$

(52) $$\|u^{E_M}\|_{L^{E_M}} = \|u^{B_M}\|_{L^{B_M}} = \|u\|_a \quad \forall u^{E_M} \in \mathbb{R}^{n^{E_M}} : u = \sum_{\phi \in E_M} u_\phi^{E_M} \cdot \phi,$$

das heißt, die durch L^{E_M} induzierte Seminorm $\|.\|_{L^{E_M}}$ ist im Hinblick auf B_M eindeutig bestimmt, auch wenn die Darstellung einer Funktion in E_M nicht eindeutig ist.

Schließlich ist für jede Darstellung u^{E_M} einer beliebigen Funktion $u \in V_M$ das Residuum

(53) $$r^{E_M} := f^{E_M} - L^{E_M} u^{E_M}$$

eindeutig bestimmt. Wie man leicht nachrechnet, gilt für je zwei Vektoren $u^{E_M,1}, u^{E_M,2}$

(54) $$u^{E_M,1} \equiv u^{E_M,2} \Rightarrow r^{E_M,1} = r^{E_M,2}.$$

Weiterhin gilt wegen (47) die Beziehung

(55) $$r^{E_M} = (S^{EB_M})^T r^{B_M},$$

wobei $r^{B_M} := f^{B_M} - L^{B_M} u^{B_M}$ das Residuum von $u^{B_M} = S^{EB_M} u^{E_M}$ bezüglich (35) ist.

Doch nun kurz zurück zum kontinuierlichen Fall $Lu = f, u \in \mathcal{H}_0^1$. Da V_∞ dicht in $\mathcal{H}_0^1$ liegt, ergibt die Lösung der Variationsgleichung (39) mit unendlichem Erzeugendensystem E_∞ die kontinuierliche Lösung $u \in \mathcal{H}_0^1$. Wegen (12) existiert eine Darstellung

(56) $$u = \sum_{l=1}^{\infty} \sum_{i=1}^{n_l} u_{l,i} \phi_{l,i}.$$

Faßt man die Koeffizienten nun zu $u^{E_\infty} := (u_{l,i})_{l\in\mathbb{N},1\leq i\leq n_l}$ zusammen, so führt die zu (40) und (41) analoge Konstruktion zu dem unendlichen Schema

$$L^{E_\infty} u^{E_\infty} = f^{E_\infty}. \tag{57}$$

Zwar ist dieses unendliche Schema kein lineares Gleichungssystem mehr, jedoch sind für alle *endlichdimensionalen* Teilräume $V_M \subset V_\infty$ die sich ergebenden Gleichungssysteme $L^{E_M} u^{E_M} = f^{E_M}$ als Teilsysteme in diesem unendlichen Schema enthalten. Nach geeigneter Umordnung erhalten wir dann (57) als

$$\begin{pmatrix} L^{E_M} & L^{E_M, E_\infty \setminus E_M} \\ L^{E_\infty \setminus E_M, E_M} & L^{E_\infty \setminus E_M} \end{pmatrix} \begin{pmatrix} u^{E_M} \\ u^{E_\infty \setminus E_M} \end{pmatrix} = \begin{pmatrix} f^{E_M} \\ f^{E_\infty \setminus E_M} \end{pmatrix}. \tag{58}$$

In dieser Weise ist mit der Verwendung des Erzeugendensystemprinzips die Diskretisierung jedes endlichen Teilraums in die unendliche Darstellung (57) eingebettet. Weiterhin sieht man sofort, daß auch im Fall $V_{M_1} \subset V_{M_2}$ mit endlichem V_{M_2} die Matrix $L^{E_{M_1}}$ als Untermatrix in $L^{E_{M_2}}$ und die rechte Seite $f^{E_{M_1}}$ als Teilvektor in $f^{E_{M_2}}$ enthalten sind.

Diese Einbettungseigenschaft ist nun in zweierlei Hinsicht nützlich. Iterationsverfahren für ein zu V_M gegebenes semidefinites System lassen sich jetzt dadurch konstruieren, daß sukzessiv und rekursiv geeignete Teilsysteme relaxiert werden. Dabei können diese Teilsysteme sowohl levelorientiert als auch ortsorientiert ausgewählt werden. Entscheidend ist dabei, die Teilsysteme so zu wählen, daß die resultierende Konvergenzgeschwindigkeit nicht von n^{E_M} abhängt und zudem das entstehende Iterationsverfahren so implementiert werden kann, daß die Zahl der benötigten Operationen noch proportional zu n^{E_M} ist. Es entstehen implizit Teilraumkorrekturverfahren [125], die jedoch aufgrund der nicht-eindeutigen Darstellung des Lösungsvektors und der Verwendung des semidefiniten Systems jetzt als einfache Blockiterationsverfahren algebraisch beschreibbar und analysierbar sind.

Darüber hinaus kann ein gegebenes semidefinites System leicht adaptiv erweitert werden. Da dessen Lösung in u^{E_∞} eingebettet ist, kann sie beziehungsweise ihr Residuum im unendlichen System als lokaler Indikator für den relativen Diskretisierungsfehler dienen und dadurch eine adaptive Verfeinerung des Systems in einfacher Weise gesteuert werden. Dieser Zugang wird bei der FAMe-Technik benutzt, die in Rüde [100], [101] beschrieben ist.

Im folgenden Abschnitt wenden wir uns den iterativen Verfahren zu.

3 Iterative Methoden für das semidefinite System

Nun geben wir einen Überblick über traditionelle iterative Methoden für die Lösung des semidefiniten Gleichungssystems. Dabei betrachten wir vorkonditionierte Gradientenverfahren, Jacobi- und Gauß-Seidel-Iterationen sowie ihre Block-Varianten und stellen den Zusammenhang zu additiven und multiplikativen Teilraumkorrekturmethoden her. Anschließend skizzieren wir eine auf Xu [125] basierende Konvergenztheorie für die verschiedenen Verfahren und stellen Voraussetzungen und Techniken für Konvergenzabschätzungen zusammen. Durch die Verwendung des semidefiniten Systems werden dabei die Voraussetzungen für Konvergenzbeweise additiver und multiplikativer Verfahren in einfacher algebraischer Schreibweise deutlich.

3.1 Ein Überblick über iterative Methoden

Nun beschränken wir uns auf den Fall eines endlichdimensionalen Raums V_M. Wir sind an der Berechnung einer Lösung des semidefiniten Systems

$$L^{E_M} u^{E_M} = f^{E_M} \tag{59}$$

interessiert. Da L^{E_M} im allgemeinen nicht invertierbar ist, können wir keinen konventionellen direkten Löser wie etwa die Gauß-Elimination einsetzen. Statt dessen betrachten wir lineare Iterationsverfahren des Typs

$$u^{E_M,it+1} := u^{E_M,it} + C^{E_M}(f^{E_M} - L^{E_M} u^{E_M,it}) \qquad it = 0, 1, 2, \ldots \tag{60}$$

mit zunächst definiter Matrix C^{E_M}. Darüber hinaus studieren wir das auf (60) basierende, mit C^{E_M} vorkonditionierte Verfahren der konjugierten Gradienten und die Methode des steilsten Abstiegs. Dabei kommt im Vorkonditionierungsschritt gerade die Basisiteration (60) zur Anwendung. Eine detaillierte Beschreibung findet man etwa in Axelsson und Barker [2], Hackbusch [56] oder Luenberger [72]. Diese Verfahren werden üblicherweise für Gleichungssysteme mit symmetrischer definiter Matrix verwendet. Sie lassen sich allerdings mit gleichem Erfolg auch bei Systemen mit semidefiniter Matrix anwenden.

Wie bereits in Abschnitt 2.3 erläutert, ist das semidefinite System (59) lösbar, die Lösung ist aber nicht eindeutig bestimmt. Zwei verschiedene Lösungen können sich jedoch nur um einen Vektor aus dem Kern von L^{E_M} unterscheiden. Das Residuum verschwindet für alle Lösungen. Damit verändert die Iteration (60) eine Lösung u^{E_M} von (59) nicht mehr, jede Lösung ist also Fixpunkt der Iteration.

Die vom Iterationsverfahren im konvergenten Fall erzielte Lösung hängt vom gewählten Startwert $u^{E_M,0}$ ab. Dabei ist zentral, daß das Residuum $r^{E_M,it} := f^{E_M} - L^{E_M} u^{E_M,it}$ für je zwei verschiedene Vektoren $u^{E_M,it}$ und $\hat{u}^{E_M,it}$ mit $S^{EB_M} u^{E_M,it} = S^{EB_M} \hat{u}^{E_M,it}$ eindeutig bestimmt ist (vergleiche (54)). Damit ist auch die in der Iteration (60) vorkommende Korrektur $C^{E_M} r^{E_M,it}$ für alle C^{E_M} eindeutig bestimmt. Bei Konvergenz des Verfahrens unterscheidet sich der erzeugte Fixpunkt der Iteration also lediglich aufgrund des Startwerts $u^{E_M,0}$, die während der Iteration aufaddierten Korrekturen $C^{E_M} r^{E_M,it}$ sind für zwei verschiedene Startwerte $u^{E_M,0}$ und $\hat{u}^{E_M,0}$ mit $S^{EB_M} u^{E_M,0} = S^{EB_M} \hat{u}^{E_M,0}$ gleich. Analoges gilt für die vorkonditionierte Methode des steilsten Abstiegs und das vorkonditionierte Verfahren der konjugierten Gradienten. Eine Darstellung der Theorie der Iterationsverfahren für Probleme mit semidefiniter Matrix findet man in Berman und Plemmons [10], Abschnitt 7.6., Seite 195-207. Dort wird mit Hilfe der sogenannten Drazin-Inversen einer semidefiniten Matrix das Konzept der Semikonvergenz von Iterationsverfahren eingeführt, und es wird gezeigt, daß sich eine Reihe von Konvergenzaussagen für das Gauß-Seidel- und das SOR-Verfahren für definite Matrizen direkt auf den Fall semidefiniter Matrizen übertragen lassen. Weitere Hinweise auf Iterationsverfahren für Systeme mit semidefiniter Matrix findet man in Plemmons [96] sowie Marcuk und Kuznetsov [73].

Um nun das Konvergenzverhalten des linearen Iterationsverfahrens (60) formal beschreiben zu können, führen wir das Konzept der Semikonvergenz und der Drazin-Inversen einer semidefiniten Matrix im folgenden genauer auf.

Wir nennen eine quadratische Matrix H *semikonvergent*, wenn $\lim_{i \to \infty} H^i$ existiert. Nun läßt sich zeigen, daß eine quadratische Matrix H genau dann semikonvergent ist, wenn (1) $\rho(H) \leq 1$ und (2) falls $\rho(H) = 1$, dann sind alle Jordan-Blöcke für H, die zum Wert 1 gehören, gerade $(1, 1)$-Blöcke und (3) falls $\rho(H) = 1$, dann folgt für $\lambda \in \sigma(H)$ und $|\lambda| = 1$, daß $\lambda = 1$ gilt. Mit dem Jordan-Normalformtheorem und kurzer Rechnung folgt: Eine quadratische Matrix H ist genau dann semikonvergent, wenn eine nichtsinguläre Matrix

P existiert, so daß

(61) $$H = P \begin{pmatrix} I & 0 \\ 0 & K \end{pmatrix} P^{-1}$$

wobei I verschwindet, wenn $1 \notin \sigma(H)$, und wobei $\rho(K) < 1$.

Die *Drazin*-Inverse einer quadratischen Matrix A mit Index k ist eine Matrix A^D, die die Bedingungen

(62) $$A^D A A^D = A^D, \qquad AA^D = A^D A \quad \text{und} \quad A^k = A^D A^{k+1}, k = 0, 1, \ldots$$

erfüllt. Der Index einer Matrix ist dabei die kleinste nichtnegative Zahl k, so daß $Rang(A^k) = Rang(A^{k+1})$. Daraus folgt, daß A^D die eindeutige Matrix ist, die mit

(63) $$A^D x = \begin{cases} y & \text{wenn } Ay = x, \quad x \in \mathcal{R}(A^k) \\ 0 & \text{wenn } A^k x = 0 \end{cases}$$

gegeben ist. $\mathcal{R}(A)$ bezeichnet wie gewöhnlich den Spaltenraum von A.

Sei nun H semikonvergent. Dann gilt

(64) $$\lim_{i \to \infty} H^i = I - Q, \quad \text{mit} \quad Q = (I - H)(I - H)^D.$$

Mit Hilfe der Semikonvergenz und der Drazin-Inversen können wir nun notwendige und hinreichende Bedingungen für die Konvergenz des linearen Iterationsverfahrens (60) angeben. Das Iterationsverfahren (60) mit semidefiniter Matrix L^{E_M} und definiter Matrix C^{E_M} konvergiert genau dann für jedes $u^{E_M,0}$ zu einer Lösung $u^{E_M,*} = u^{E_M}(u^{E_M,0})$ von (59), wenn $H^{E_M} := I^{E_M} - C^{E_M} L^{E_M}$ semikonvergent ist. In diesem Fall gilt mit $Q^{E_M} := (I^{E_M} - H^{E_M})(I^{E_M} - H^{E_M})^D$

(65) $$\lim_{it \to \infty} u^{E_M,it} = (I^{E_M} - H^{E_M})^D C^{E_M} f^{E_M} + Q^{E_M} u^{E_M,0}.$$

Dies läßt sich folgendermaßen zeigen: Zunächst gilt mit $H^{E_M} := I^{E_M} - C^{E_M} L^{E_M}$ die Fixpunktgleichung

(66) $$u^{E_M,*} = H^{E_M} u^{E_M,*} + C^{E_M} f^{E_M}.$$

Ihre Subtraktion von (60) liefert mit

(67) $$e^{E_M,it} := u^{E_M,it} - u^{E_M,*},$$

die Fehlergleichung

(68) $$e^{E_M,it+1} = H^{E_M} e^{E_M,it} = \ldots = (H^{E_M})^{it+1} e^{E_M,0}.$$

Somit konvergiert die Folge $\{u^{E_M,it}\}$ genau dann zu einer Lösung von (59), wenn die Folge $\{u^{E_M,it} - u^{E_M,*}\}$ zu einem Vektor aus dem Nullraum von L^{E_M} konvergiert. Dies ist jedoch genau dann der Fall, wenn der Grenzwert $\lim_{it\to\infty} {H^{E_M}}^{it}(u^{E_M,0} - u^{E_M,*})$ existiert. Dies wiederum gilt wegen (61) für alle $u^{E_M,0}$ genau dann, wenn H^{E_M} semikonvergent ist. Mit (64) erhalten wir nun direkt (65). Somit muß für ein konvergentes Verfahren im allgemeinen zwar nicht mehr wie im definiten Fall $\lim_{it\to\infty} e^{E_M,it} = 0$ gelten, jedoch ist $\lim_{it\to\infty} S^{EB_M} e^{E_M,it} = 0$ erfüllt.

Nun betrachten wir die Konvergenzrate. Für eine semikonvergente Matrix H führen wir mit dem verallgemeinerten Spektralradius

(69) $$\tilde{\rho}(H) := \max\{|\lambda| : \lambda \in \sigma(H), \lambda \neq 1\}$$

eine zum konventionellen Spektralradius analoge Definition ein. Im Fall $\rho(H) < 1$ gilt $\tilde{\rho}(H) = \rho(H)$. Anderfalls ist $\tilde{\rho}(H)$ der zweitgrößte der Absolutwerte der Eigenwerte von H. Damit sehen wir, daß $\tilde{\rho}(H) = \rho(K)$, mit K wie in (61).

Eine hinreichende und notwendige Bedingung für die Konvergenz des Iterationsverfahrens (60) ist nun auch in unserem semidefiniten Fall durch den verallgemeinerten Spektralradius der Iterationsmatrix gegeben. Das Iterationsverfahren (60) ist genau dann konvergent, wenn

(70) $$\rho := \tilde{\rho}(I - C^{E_M} L^{E_M}) < 1.$$

ρ bezeichnet die Konvergenzrate des Verfahrens. Sie kann mit

(71) $$\tilde{\rho}(I - C^{E_M} L^{E_M}) \leq |||I - C^{E_M} L^{E_M}|||_{L^{E_M}}$$

abgeschätzt werden, wobei $|||.|||_{L^{E_M}}$ die durch $||.||_{L^{E_M}}$ induzierte Matrixseminorm bezeichne, bei der die Supremumsbildung jetzt jedoch auf das orthogonale Komplement $\{v^{E_M} \perp Kern(L^{E_M})\}$ des Nullraums von L^{E_M} eingeschränkt ist. Im Fall $C^{E_M} = (C^{E_M})^T$ gilt zudem $\tilde{\rho}(I - C^{E_M} L^{E_M}) = |||I - C^{E_M} L^{E_M}|||_{L^{E_M}}$. Dann gilt für $\rho < 1$

(72) $$||e^{E_M,it+1}||_{L^{E_M}} \leq \rho \cdot ||e^{E_M,it}||_{L^{E_M}} \quad \text{und} \quad ||e^{E_M,it}||_{L^{E_M}} \leq \rho^{it} \cdot ||e^{E_M,0}||_{L^{E_M}}.$$

Für eine Aussage über die Konvergenzgeschwindigkeit der Basisiteration für das semidefinite System ist also ρ beziehungsweise $|||I - C^{E_M} L^{E_M}|||_{L^{E_M}}$ genau wie im definiten Fall geeignet abzuschätzen. Dies ist äquivalent zu der Aufgabe, ein $\eta \geq 1$ zu finden, so daß für alle $v^{E_M} \in \mathbb{R}^{n^{E_M}}$

$$(73) \qquad \|v^{E_M}\|_{L^{E_M}}^2 \leq \eta \cdot (\|v^{E_M}\|_{L^{E_M}}^2 - \|(I - C^{E_M} L^{E_M})v^{E_M}\|_{L^{E_M}}^2)$$

gilt. Dann ist $\rho \leq \sqrt{1 - 1/\eta}$.

Ist C^{E_M} symmetrisch, dann läßt sich die Basisiteration auch in einem Vorkonditionierungsschritt für das Verfahren der konjugierten Gradienten oder auch für die Methode des steilsten Abstiegs benutzen. Zunächst läßt sich die verallgemeinerte Kondition $\tilde{\kappa} := \tilde{\kappa}(C^{E_M} L^{E_M}, I^{E_M})$ mit Hilfe von ρ abschätzen. Es gilt

$$(74) \qquad \tilde{\kappa}(C^{E_M} L^{E_M}, I^{E_M}) \leq \frac{1+\rho}{1-\rho}.$$

Weiterhin gilt für das Verfahren der konjugierten Gradienten

$$(75) \qquad \|e^{E_M,it}\|_{L^{E_M}} \leq \frac{2 \cdot \delta^{it}}{1 + \delta^{2 \cdot it}} \|e^{E_M,0}\|_{L^{E_M}}, \quad \delta := \frac{\sqrt{\tilde{\kappa}} - 1}{\sqrt{\tilde{\kappa}} + 1}.$$

Die mittlere Konvergenzrate ist also durch δ bestimmt.

Für den definiten Fall sind diese Abschätzungen wohlbekannt, siehe etwa Hackbusch [56], Seite 205 und 259. Sie gelten unter Verwendung der $\|.\|_{L^{E_M}}$-Seminorm und der verallgemeinerten Konditionsdefinition auch für unseren semidefiniten Fall, wie man sich nach kurzer Überlegung mit Hilfe der Konzepte in Berman und Plemmons [10] klarmachen kann.

Auch für die Methode des steilsten Abstiegs gelten ähnliche Abschätzungen, siehe Hackbusch [56], Seite 244. Wir erhalten

$$(76) \qquad \|e^{E_M,it}\|_{L^{E_M}} \leq \gamma^{it} \|e^{E_M,0}\|_{L^{E_M}}, \quad \gamma := \frac{\tilde{\kappa} - 1}{\tilde{\kappa} + 1}.$$

Die mittlere Konvergenzrate ist also durch γ gegeben. Wir sehen sofort, daß die Methode des steilsten Abstiegs wegen $\delta < \gamma$ langsamer konvergiert als das Verfahren der konjugierten Gradienten.

Zu einer Aussage über die Konvergenzgeschwindigkeit des mit C^{E_M} vorkonditionierten Verfahrens der konjugierten Gradienten oder der Methode des steilsten Abstiegs für das semidefinite System ist also $\tilde{\kappa}(C^{E_M} L^{E_M}, I^{E_M})$ geeignet abzuschätzen.

Einen Vorteil des vorkonditionierten Verfahrens der konjugierten Gradienten gegenüber der Basisiteration sieht man wegen (74) mit

$$\delta = \frac{\sqrt{\tilde{\kappa}}-1}{\sqrt{\tilde{\kappa}}+1} \leq \frac{\sqrt{\frac{1+\rho}{1-\rho}}-1}{\sqrt{\frac{1+\rho}{1-\rho}}+1} = \frac{1-\sqrt{1-\rho^2}}{\rho} \leq \rho. \tag{77}$$

Dies zeigt, daß das Verfahren der konjugieren Gradienten nie langsamer beziehungsweise im allgemeinen sogar schneller konvergiert als die zugehörige Basisiteration, durch seinen Einsatz also eine Beschleunigung erzielt wird.

Weiterhin kann die Konvergenz der Basisiteration abhängig von $\rho(C^{E_M}L^{E_m})$ ausgedrückt werden. Die gedämpfte Basisiteration

$$u^{E_M,it+1} := u^{E_M,it} + \omega \cdot C^{E_M}(f^{E_M} - L^{E_M}u^{E_M,it}), \quad it = 0,1,2,\ldots, \tag{78}$$

ist nämlich konvergent für $\omega \in (0, 2/\rho(C^{E_M}L^{E_M}))$. Man vergleiche etwa Hackbusch [56], Seite 88f. Dabei wird für

$$\omega = 2/(\tilde{\lambda}_{\min}^{(C^{E_M}L^{E_M},I^{E_M})} + \lambda_{\max}^{(C^{E_M}L^{E_M},I^{E_M})}) \tag{79}$$

die optimale Konvergenzrate $(\tilde{\kappa}-1)/(\tilde{\kappa}+1)$ erreicht. Somit ist die ungedämpfte Basisiteration (60) für $\rho(C^{E_M}L^{E_M}) \geq 2$ divergent. Trotzdem konvergiert das zugehörige Verfahren der konjugierten Gradienten oder die Methode des steilsten Abstiegs. Es ist sogar möglich, daß $\tilde{\kappa}(C^{E_M}L^{E_M}, I^{E_M}) = \mathcal{O}(1)$ und daß $\rho(C^{E_M}L^{E_M}) \geq 2$. Dann konvergiert das Verfahren der konjugierten Gradienten oder die Methode des steilsten Abstiegs mit einer Konvergenzrate, die von n^{E_M} unabhängig ist, und wir erhalten ein in diesem Sinn optimales Verfahren, obwohl die zugehörige (ungedämpfte) Basisiteration divergent ist. Erst mit expliziter Kenntnis von $\rho(C^{E_M}L^{E_M})$ könnte man auch die mit ω versehene Basisiteration zur Konvergenz zwingen.

3.2 Jacobi- und Gauß-Seidel-artige Iterationsverfahren

Nun legen wir eine gegebene Anordnung der Funktionen des Erzeugendensystems E_M zugrunde und zerlegen die semidefinite Matrix L^{E_M} additiv als

$$L^{E_M} = D^{E_M} + F^{E_M} + (F^{E_M})^T, \tag{80}$$

wobei $D^{E_M} := diag(L^{E_M})$ und F^{E_M} eine strikte untere Dreiecksmatrix ist. Während D^{E_M} bis auf Permutation für alle Anordnungen der Funktionen des Erzeugendensystems E_M gleich ist, hängt F^{E_M} gerade von diesen ab.

Dann lassen sich das Jacobi-Verfahren mit

$$C^{E_M} = C^{E_M,J} := (D^{E_M})^{-1} \tag{81}$$

und das zur gegebenen Anordnung der Funktionen des Erzeugendensystems E_M gehörige Gauß-Seidel-Verfahren mit

$$C^{E_M} = C^{E_M,GS} := (D^{E_M} + F^{E_M})^{-1} \tag{82}$$

in (60) beschreiben. Dabei ist wichtig, daß trotz der Semidefinitheit von L^{E_M} dessen untere Dreiecksmatrix $D^{E_M} + F^{E_M}$ für alle Anordnungsmöglichkeiten der Funktionen des Erzeugendensystems E_M definit und damit invertierbar ist. Jedoch ist $C^{E_M,GS}$ nicht symmetrisch und deswegen nicht ohne weiteres als Vorkonditionierer für die Methode der konjugierten Gradienten verwendbar. Deshalb geht man zum symmetrischen Gauß-Seidel-Verfahren über, das mit

$$C^{E_M} = C^{E_M,SGS} := (D^{E_M} + F^{E_M})^{-T} D^{E_M} (D^{E_M} + F^{E_M})^{-1} \tag{83}$$

beschrieben werden kann. Analog lassen sich in (78) die mit einem Parameter ω versehenen, gedämpften beziehungsweise extrapolierten Jacobi-, SOR- und SSOR-Verfahren für das semidefinite System einführen.

Alternativ dazu können wir das Jacobi-Verfahren auch als eine additive Teilraumkorrekturmethode interpretieren [125], bei der eine Funktion $u^{it} \in V_M$ in einem Iterationsschritt *gleichzeitig* für alle $\phi \in E_M$ durch

$$u^{it+1} := u^{it} + \sum_{\phi \in E_M} \lambda_\phi \cdot \phi \quad \text{mit} \quad a(u^{it} + \lambda_\phi \cdot \phi, \phi) = (f, \phi) \tag{84}$$

relaxiert wird.

Das Gauß-Seidel-Verfahren entspricht einer multiplikativen Teilraumkorrekturmethode, bei der wir in einem Iterationsschritt in einer gegebenen Reihenfolge für $j = 1, \ldots, n^{E_M}$ durch die Menge der Funktionen aus E_M laufen und dabei *sukzessive* die aktuelle Iterierte $u^{it+j/n^{E_M}} \in V_M$ für die jeweilige Funktion $\phi \in E_M$ durch

$$u^{it+(j+1)/n^{E_M}} := u^{it+j/n^{E_M}} + \lambda \cdot \phi \quad \text{mit} \quad a(u^{it+(j+1)/n^{E_M}}, \phi) = (f, \phi) \tag{85}$$

relaxieren. Die jeweiligen Teilräume sind dabei mit $span(\phi)$ gegeben. Ein ähnliches Vorgehen liegt auch der PML-Methode [77] zugrunde. Da wir aber eine Funktion $u \in V_M$ nicht-eindeutig mit Hilfe des Erzeugendensystems durch einen Koeffizientenvektor u^{E_M} darstellen, ist sofort erkennbar, daß in einem Relaxationsschritt (85) im Gegensatz zur PML-Methode nur die zu ϕ gehörige Komponente von u^{E_M} geändert wird. Eine Darstellung der Teilraumkorrektur oder, in mehr algebraischer Notation, des Defektkorrekturprinzips findet man in Böhmer, Hemker und Stetter [12].

Für **Blockiterationsverfahren** zerlegen wir E_M in eine Sequenz

(86) $$\mathcal{E}_M := (E_{M,j})_{1\leq j\leq J}$$

von J nicht-leeren, paarweise disjunkten Teilmengen von E_M:

(87) $$\bigcup_{j=1}^{J} E_{M,j} = E_M, \quad E_{M,j_1} \cap E_{M,j_2} = \{\} \text{ für } j_1 \neq j_2.$$

Weiterhin legen wir eine Anordnung der Mengen in $\mathcal{E}_M$ zugrunde. Die semidefinite Matrix L^{E_M} partitionieren wir (nach geeigneter Permutation) analog und spalten sie additiv in

(88) $$L^{E_M} = \mathcal{D}^{E_M} + \mathcal{F}^{E_M} + (\mathcal{F}^{E_M})^T$$

auf, wobei $\mathcal{D}^{E_M}$ eine Blockdiagonalmatrix und $\mathcal{F}^{E_M}$ eine strikte untere Blockdreiecksmatrix darstellen, die natürlich von der jeweiligen Anordnung von $\mathcal{E}_M$ abhängen.

Je nach Wahl der Partitionen $(E_{M,j})_{1\leq j\leq J}$ können $\mathcal{D}^{E_M}$ und $\mathcal{D}^{E_M} + \mathcal{F}^{E_M}$ definit oder semidefinit sein. Im semidefiniten Fall existiert die jeweilige Inverse nicht. Wir schreiben dann die Basisiteration (60) in ihrer sogenannten dritten Normalform [56] als

(89) $$W^{E_M}\delta^{E_M,it} = f^{E_M} - L^{E_M}u^{E_M,it} \quad \text{mit} \quad \delta^{E_M,it} = u^{E_M,it+1} - u^{E_M,it}.$$

Dies ist algorithmisch zu lesen. Die Aufgabe ist, zunächst mittels einer sekundären Iteration (siehe auch [56], Seite 211) irgendeine Lösung von

(90) $$W^{E_M}\delta^{E_M,it} = f^{E_M} - L^{E_M}u^{E_M,it}$$

zu berechnen und dann die neue Iterierte als

(91) $$u^{E_M,it+1} = u^{E_M,it} + \delta^{E_M,it}$$

zu bestimmen.

Das Block-Jacobi-Verfahren ist dann mit

$$C^{E_M} = C^{E_M,BJ} := (\mathcal{D}^{E_M})^{-1} \quad \text{oder} \tag{92}$$
$$W^{E_M} = W^{E_M,BJ} := \mathcal{D}^{E_M}, \tag{93}$$

das Block-Gauß-Seidel-Verfahren ist mit

$$C^{E_M} = C^{E_M,BGS} := (\mathcal{D}^{E_M} + \mathcal{F}^{E_M})^{-1} \quad \text{oder} \tag{94}$$
$$W^{E_M} = W^{E_M,BGS} := \mathcal{D}^{E_M} + \mathcal{F}^{E_M}, \tag{95}$$

und das symmetrische Block-Gauß-Seidel-Verfahren ist für invertierbares $\mathcal{D}^{E_M}$ mit

$$C^{E_M} = C^{E_M,SBGS} := (\mathcal{D}^{E_M} + \mathcal{F}^{E_M})^{-T}\mathcal{D}^{E_M}(\mathcal{D}^{E_M} + \mathcal{F}^{E_M})^{-1} \quad \text{oder} \tag{96}$$
$$W^{E_M} = W^{E_M,SBGS} := (\mathcal{D}^{E_M} + \mathcal{F}^{E_M})(\mathcal{D}^{E_M})^{-1}(\mathcal{D}^{E_M} + \mathcal{F}^{E_M}) \tag{97}$$

in (60) beziehungsweise (89) gegeben. Ist $\mathcal{D}^{E_M}$ nicht invertierbar, dann muß statt $(\mathcal{D}^{E_M})^{-1}$ in $W^{E_M,SBGS}$ ein zusätzliches Iterationsverfahren angewandt werden, dessen Matrix der dritten Normalform mit $\mathcal{D}^{E_M}$ in (89) gegeben ist. Zudem ist auch für den Fall einer semidefiniten Matrix $W^{E_M,BJ}$ oder $W^{E_M,BGS}$ das zugehörige Gleichungssystem (89) noch iterativ lösbar, da die rechte Seite, wie schon beim Gleichungssystem (59), in konsistenter Weise gegeben ist. Die Lösung ist wiederum nicht eindeutig. Jedoch haben alle Lösungen von (89) die gleiche Basisdarstellung bezüglich B_M.

Ein Block-Gauß-Seidel-Teilschritt entspricht dann der simultanen Relaxation einer Menge $E_{M,j} \subset E_M$ durch

$$u^{it+(j+1)/J} := u^{it+j/J} + \sum_{\phi \in E_{M,j}} \lambda_\phi \cdot \phi \tag{98}$$

mit

$$\forall \phi \in E_{M,j} : a(u^{it+(j+1)/J}, \phi) = (f, \phi). \tag{99}$$

Zur Berechnung der Werte $\lambda_\phi, \phi \in E_{M,j}$, ist dabei ein $(|E_{M,j}|, |E_{M,j}|)$-Gleichungssystem zu lösen. Dies ist äquivalent zur Lösung des Variationsproblems für den Fehler $e^{it+j/J} := u - u^{it+j/J}$

$$\forall \phi \in E_M : a(e^{it+j/J}, \phi) = (f, \phi) - a(u^{it+j/J}, \phi), \tag{100}$$

eingeschränkt auf den Teilraum $V := span(E_{M,j})$. Im Block-Gauß-Seidel-Verfahren wird dann (98) *sukzessive* für die Teilmengen $E_{M,j}, j = 1, \ldots, J$

bezüglich der gegebenen Anordnung ausgeführt. Dies entspricht einer multiplikativen Teilraumkorrekturmethode, bei der die jeweiligen Teilräume durch $E_{M,j}$ aufgespannt werden.

Analog dazu läßt sich auch das Block-Jacobi-Verfahren als additive Teilraumkorrekturmethode formulieren. Dabei relaxieren wir eine Funktion $u^{it} \in V_M$ *gleichzeitig* für alle $E_{M,j}$ durch

$$u^{it+1} = u^{it} + \sum_{j=1}^{J} \sum_{\phi \in E_{M,j}} \lambda_\phi \cdot \phi \tag{101}$$

mit

$$\forall j, \forall \phi \in E_{M,j} : a(u^{it} + \sum_{\tilde{\phi} \in E_{M,j}} \lambda_{\tilde{\phi}} \cdot \tilde{\phi}, \phi) = (f, \phi). \tag{102}$$

Im Fall nicht-disjunkter Teilmengen $E_{M,j}$ definieren wir additive und multiplikative Teilraumkorrekturverfahren wieder mit (101) und (98). Die Blockiterationsschreibweise läßt sich jedoch nicht mehr direkt anwenden. Sie kann aufrechterhalten werden, wenn wir das Erzeugendensystem E_M geeignet erweitern, so daß diejenigen Funktionen mehrfach vorkommen, die aus $E_{M,j_1} \cap E_{M,j_2}, j_1 \neq j_2$, stammen. Wir gehen deswegen zum System $\mathcal{E}_M$ von Teilraumerzeugendensystemen $E_{M,j}$ über. Dann läßt sich eine Funktion $u \in V_M$ nicht-eindeutig darstellen als

$$u = \sum_{j=1}^{J} \sum_{\phi \in E_{M,j}} u_\phi^{\mathcal{E}_M} \cdot \phi \tag{103}$$

mit einem Vektor $u^{\mathcal{E}_M} = (u_\phi^{\mathcal{E}_M})_{\phi \in E_{M,j}}, j = 1, \ldots, J$, $u^{\mathcal{E}_M} \in \mathbb{R}^{\sum_j |E_{M,j}|}$. Auch hier kann die Transformation auf die eindeutige Darstellung u^{B_M} analog zu (31) angegeben werden. Weiterhin verwenden wir $\mathcal{E}_M$ statt E_M bei der Ritz-Galerkin-Diskretisierung in (41). Dies ergibt das semidefinite System

$$L^{\mathcal{E}_M} u^{\mathcal{E}_M} = f^{\mathcal{E}_M}. \tag{104}$$

Die zugehörige Matrix $L^{\mathcal{E}_M}$, die rechte Seite $f^{\mathcal{E}_M}$ und der Lösungsvektor $u^{\mathcal{E}_M}$ enthalten dann die zu $E_{M,j_1} \cap E_{M,j_2}$ gehörigen Anteile doppelt. Mit diesem formalen Trick ist es möglich, auch Teilraumkorrekturverfahren mit sich überlappenden, nicht-disjunkten Teilräumen als Block-Jacobi- und Block-Gauß-Seidel-Verfahren über dem erweiterten System (104) wie in (89) mit (92) und (94) auszudrücken. Es muß dabei lediglich E_M durch $\mathcal{E}_M$ ersetzt werden. Insbesondere im Gebietszerlegungskontext werden additive und multiplikative Teilraumkorrekturalgorithmen auch als additive und multiplikative Schwarz-Verfahren bezeichnet, vergleiche Dryja und Widlund [33] sowie Widlund [120].

Neben überlappenden Teilräumen ist hier auch die mehrfache Aufnahme von Teilräumen möglich, das heißt, es kann auch $E_{M,j_1} = E_{M,j_2}$ für bestimmte j_1, j_2 gelten. Dies ermöglicht es, Wiederholungen bestimmter Relaxationsschritte zu modellieren, wie sie etwa als mehrfache Vor- und Nachglättungsschritte in einem Mehrgitterverfahren auftreten. Das Vorkommen überlappender oder sogar mehrfacher Teilräume führt in der Praxis zu verbesserten Konvergenzraten für die resultierenden multiplikativen Iterationsverfahren.

In der im folgenden dargestellten Konvergenztheorie spielt jedoch der Fall nicht-disjunkter oder mehrfach vorkommender Teilmengen keine Rolle. Es entstehen prinzipiell die qualitativ gleichen Abschätzungen für den Fall sich überlappender Teilräume wie für die zugehörigen Algorithmen mit nicht-überlappenden Teilräumen. Quantitative Unterschiede gehen in Konstanten ein und können nicht herausgearbeitet werden. Deswegen beschränken wir uns im folgenden auf den Fall nicht-überlappender Teilräume.

3.3 Zur Konvergenz der Verfahren

Im folgenden skizzieren wir nun auf der Grundlage von Xu [124], [125] eine qualitative Konvergenztheorie für die obigen Iterationsverfahren über dem semidefiniten System, die keinerlei Regularitätsvoraussetzungen an das zugrunde liegende Problem stellt. Da, wie wir später sehen werden, solche traditionellen Iterationsverfahren (Jacobi-Vorkonditionierer, Gauß-Seidel) über dem semidefiniten System gerade als moderne Multilevelmethoden (BPX-Vorkonditionierer, Mehrgitter) bezüglich des entsprechenden definiten Systems interpretiert werden können, ergeben sich direkt optimale Konvergenzaussagen sowohl für Mehrgitterverfahren als auch für Multilevel-Vorkonditionierer. Eine vergleichende Zusammenstellung von verschiedenen Konvergenzbeweisen für Mehrgitterverfahren findet man in Yserentant [129].

Im Gegensatz zu einer Reihe von anderen Mehrgitterbeweisen, die den Einfluß des Glättungsoperators durch die Glättungseigenschaft und die Interaktion zwischen verschiedenen Leveln durch die Approximationseigenschaft geeignet abschätzen und dies kombinieren (man siehe etwa Bank und Douglas [6], Braess und Hackbusch [19], Braess [17], Hackbusch [51], [53] sowie Wittum [121]), sind bei der nun folgenden Konvergenztheorie keine Regularitätsvoraussetzungen notwendig. Man vergleiche auch Bramble et al. [21]. Das bedeutet, es entstehen keine Probleme bei Gebieten mit einspringenden Ecken, bei Sprüngen in den Randbedingungen oder Sprüngen in den Koeffizientenfunktionen des Operators wie bei anderen Konvergenzbeweisen. Jedoch sind mit dieser Technik keine quantitativen Aussagen wie etwa über den Einfluß von mehreren Vor- oder Nachglättungsschritten möglich. Dies geht in den Abschätzungen in Konstanten unter. Auch lassen sich keine scharfen Abschätzungen für die Konvergenzraten gewinnen, wie dies etwa mit der sogenannten "local mode"- Analyse oder mit Fouriertechniken für Modellprobleme möglich ist. Man vergleiche dazu Brandt [25], Stüben und Trottenberg [109] oder Hackbusch [53]. Im Gegensatz zu den Ausführungen in Xu [125] legen wir allerdings keine abstrakten Operatoren auf und zwischen Räumen zugrunde. Unser Erzeugendensystem erlaubt direkt die nicht-eindeutige Darstellung von Funktionen, was es uns ermöglicht, eine algebraische Schreibweise zu wählen.

Zu einer Aussage über das mit symmetrischem definiten C^{E_M} vorkonditionierte Verfahren der konjugierten Gradienten oder der Methode des steilsten Abstiegs ist mit (75) und (76) die verallgemeinerte Kondition $\tilde{\kappa}(C^{E_M}L^{E_M}, I^{E_M})$ geeignet abzuschätzen. Wir wollen darüber hinaus auch die Vorkonditionierung durch eine symmetrische Iteration betrachten, die in der dritten Normalform (89) mittels W^{E_M} gegeben ist. Um allgemeine Blockiterationen mit beliebiger Wahl von Partitionen (86) einsetzen zu können, lassen wir dabei den Fall eines semidefiniten W^{E_M} zu. Dann sind zu einer Konvergenzaussage Abschätzungen für das auf $\{v^{E_M} \perp Kern(L^{E_M})\}$ eingeschränkte Minimum und das auf $\{v^{E_M} \perp Kern(W^{E_M})\}$ eingeschränkte Maximum des jeweiligen Rayleighquotienten, also für den größten und den kleinsten nicht-verschwindenden Eigenwert

$$\tilde{\lambda}_{\min}^{(L^{E_M},W^{E_M})} := \min_{v^{E_M} \perp Kern(L^{E_M})} \left(\frac{(v^{E_M})^T L^{E_M} v^{E_M}}{(v^{E_M})^T W^{E_M} v^{E_M}} \right),$$

$$\lambda_{\max}^{(L^{E_M},W^{E_M})} := \max_{v^{E_M} \perp Kern(W^{E_M})} \left(\frac{(v^{E_M})^T L^{E_M} v^{E_M}}{(v^{E_M})^T W^{E_M} v^{E_M}} \right)$$

zu finden. Sie bestimmen mit

$$\tilde{\kappa}(L^{E_M}, W^{E_M}) := \frac{\lambda_{\max}^{(L^{E_M},W^{E_M})}}{\tilde{\lambda}_{\min}^{(L^{E_M},W^{E_M})}} \tag{105}$$

die verallgemeinerte Kondition und damit analog zu (75) und (76) die Konvergenzrate des vorkonditionierten Verfahrens der konjugierten Gradienten und der Methode des steilsten Abstiegs. Für definites und damit invertierbares W^{E_M} gilt sofort $C^{E_M} := (W^{E_M})^{-1}$, und die Definitionen (46) und (105) fallen mit $\tilde{\kappa}(C^{E_M}L^{E_M}, I^{E_M}) = \tilde{\kappa}(L^{E_M}, W^{E_M})$ zusammen. Darüber hinaus ist nun auch für semidefinites W^{E_M} mit $\tilde{\kappa}(L^{E_M}, W^{E_M})$ eine Beschreibung der Vorkonditionierung möglich geworden.

Für quantitative Konvergenzaussagen zu den verschiedenen Verfahren gehen wir folgendermaßen vor: Zunächst betrachten wir Jacobi-artige Vorkonditionierer, die den additiven Teilraumkorrekturverfahren (81) und (92) entsprechen. Dann wenden wir uns Gauß-Seidel-artigen Iterationsverfahren zu, die den multiplikativen Teilraumkorrekturverfahren (82), (94) und (96) entsprechen.

Angenommen, es sind für den Jacobi-Vorkonditionierer ($W^{E_M} = D^{E_M}$) Abschätzungen der Art

$$0 < c_1 \leq \tilde{\lambda}_{\min}^{(L^{E_M}, D^{E_M})} \leq \lambda_{\max}^{(L^{E_M}, D^{E_M})} \leq c_2 \tag{106}$$

bekannt. Dann genügt es, für jeden Block-Jacobi-Vorkonditionierer ($W^{E_M} = \mathcal{D}^{E_M}$) die Normäquivalenz $(v^{E_M})^T D^{E_M} v^{E_M} \sim (v^{E_M})^T \mathcal{D}^{E_M} v^{E_M}$, das heißt

$$c_3 \cdot (v^{E_M})^T \mathcal{D}^{E_M} v^{E_M} \leq (v^{E_M})^T D^{E_M} v^{E_M} \leq c_4 \cdot (v^{E_M})^T \mathcal{D}^{E_M} v^{E_M} \tag{107}$$

$\forall v^{E_M} \perp Kern(L^{E_M})$ mit Konstanten $c_3, c_4 > 0$, zu zeigen. Mit (105) gilt

$$\begin{aligned} \tilde{\lambda}_{\min}^{(L^{E_M}, D^{E_M})} \cdot (v^{E_M})^T D^{E_M} v^{E_M} &\leq (v^{E_M})^T L^{E_M} v^{E_M} \\ &\leq \lambda_{\max}^{(L^{E_M}, D^{E_M})} \cdot (v^{E_M})^T D^{E_M} v^{E_M}, \end{aligned}$$

und es folgt sofort $\forall v^{E_M} \perp Kern(L^{E_M})$

$$\begin{aligned} c_3 \cdot \tilde{\lambda}_{\min}^{(L^{E_M}, D^{E_M})} \cdot (v^{E_M})^T \mathcal{D}^{E_M} v^{E_M} &\leq (v^{E_M})^T L^{E_M} v^{E_M} \\ &\leq c_4 \cdot \lambda_{\max}^{(L^{E_M}, D^{E_M})} \cdot (v^{E_M})^T \mathcal{D}^{E_M} v^{E_M} \end{aligned}$$

und somit $\forall v^{E_M} \perp Kern(L^{E_M})$

$$c_3 \cdot \tilde{\lambda}_{\min}^{(L^{E_M}, D^{E_M})} \leq \frac{(v^{E_M})^T L^{E_M} v^{E_M}}{(v^{E_M})^T \mathcal{D}^{E_M} v^{E_M}} \leq c_4 \cdot \lambda_{\max}^{(L^{E_M}, D^{E_M})}. \tag{108}$$

Haben wir also für den Jacobi-Vorkonditionierer Abschätzungen der Art (106) und können wir die Normäquivalenz (107) zeigen, dann erhalten wir auch Abschätzungen für den zu $\mathcal{D}^{E_M}$ gehörigen Block-Jacobi-Vorkonditionierer. Wegen $c_3 \leq c_4$ ist damit die resultierende Abschätzung der verallgemeinerten Kondition zwar um eine Konstante $c_4/c_3 \geq 1$ schlechter als eine Abschätzung für den Jacobi-Vorkonditionierer, qualitativ ist jedoch kein Unterschied.

Dabei lassen sich wegen der nach kurzer Überlegung herleitbaren Beziehung

$$\text{(109)} \qquad \{v^{E_M} : v^{E_M} \perp Kern(L^{E_M})\} \subset \{v^{E_M} : v^{E_M} \perp Kern(\mathcal{D}^{E_M})\}$$

durch eine Abschätzung von $\tilde{\lambda}_{\min}^{(\mathcal{D}^{E_M},D^{E_M})}$ und $\lambda_{\max}^{(\mathcal{D}^{E_M},D^{E_M})}$, also des größten und des kleinsten nicht-verschwindenden Eigenwerts (jetzt bezogen auf die Menge $\{v^{E_M} : v^{E_M} \perp Kern(\mathcal{D}^{E_M})\}$) der mit $(D^{E_M})^{-1}$ vorkonditionierten Matrix $\mathcal{D}^{E_M}$, Schranken für (107) gewinnen.

Schließlich wollen wir noch den Fall betrachten, daß die zu den $E_{M,j}$ gehörigen Teilraumkorrekturprobleme nicht exakt, sondern nur näherungsweise gelöst werden. Dann muß $\mathcal{D}^{E_M}$ durch ein $\tilde{\mathcal{D}}^{E_M}$ mit gleicher Blockstruktur und gleichen Null-Blöcken ersetzt werden, durch das dann in (92) beziehungsweise (93) die inexakte Lösung der Teilprobleme geeignet beschrieben wird. Um nun die Abschätzungen für den entstehenden inexakten Block-Jacobi-Vorkonditionierer zu erhalten, folgen wir der gleichen Argumentation wie eben bei der Blockbildung. Es genügt, die Normäquivalenz

$$\text{(110)} \qquad (v^{E_M})^T D^{E_M} v^{E_M} \sim (v^{E_M})^T \tilde{\mathcal{D}}^{E_M} v^{E_M} \qquad \forall v^{E_M} \perp Kern(L^{E_M})$$

oder die Normäquivalenz

$$\text{(111)} \qquad (v^{E_M})^T \mathcal{D}^{E_M} v^{E_M} \sim (v^{E_M})^T \tilde{\mathcal{D}}^{E_M} v^{E_M} \qquad \forall v^{E_M} \perp Kern(L^{E_M})$$

zu zeigen. Dazu lassen sich beispielsweise wiederum wegen (109) durch eine Abschätzung von $\tilde{\lambda}_{\min}^{(\mathcal{D}^{E_M},\tilde{\mathcal{D}}^{E_M})}$ und $\lambda_{\max}^{(\mathcal{D}^{E_M},\tilde{\mathcal{D}}^{E_M})}$, also des größten und des kleinsten nicht-verschwindenden Eigenwerts der mit $(\tilde{\mathcal{D}}^{E_M})^{-1}$ vorkonditionierten Matrix $\mathcal{D}^{E_M}$, Schranken für (111) gewinnen.

Nun wenden wir uns den multiplikativen Verfahren zu. Für Konvergenzabschätzungen für die Gauß-Seidel-artigen Iterationsverfahren, die den multiplikativen Teilraumkorrekturverfahren (82), (94) und (96) entsprechen, betrachten wir exemplarisch den allgemeinen Fall des Block-Gauß-Seidel-Verfahrens mit inexakten Blocklösern. Dann muß wiederum $\mathcal{D}^{E_M}$ durch ein $\tilde{\mathcal{D}}^{E_M}$ mit gleicher Blockstruktur und gleichen Null-Blöcken ersetzt werden, durch das dann in (94) die inexakte Löung der Teilprobleme geeignet beschrieben wird. Wir erhalten für (94)

$$\text{(112)} \qquad W^{E_M,BGS(\tilde{\mathcal{D}}^{E_M})} = (\tilde{\mathcal{D}}^{E_M} + \mathcal{F}^{E_M}),$$

wobei die Gestalt von $\tilde{\mathcal{D}}^{E_M}$ und $\mathcal{F}^{E_M}$ wieder von der jeweiligen Blockpartition $\mathcal{E}_M$ und seiner Anordnung abhängt. Mit $\tilde{\mathcal{D}}^{E_M} \to \mathcal{D}^{E_M}$ ergibt sich dann das

Block-Gauß-Seidel-Verfahren mit exakten Blockinversen, und mit $\tilde{\mathcal{D}}^{E_M} \to D^{E_M}$ erhalten wir die einfache Gauß-Seidel-Iteration.

Jetzt können wir die Voraussetzungen für ein Konvergenzresultat analog zu Xu [125] in unserer mehr algebraisch gehaltenen Notation folgendermaßen formulieren:

(i) Es existiert eine Konstante K_0, so daß $\forall v^{E_M} \perp Kern(L^{E_M})$

$$K_0 \cdot (v^{E_M})^T \tilde{\mathcal{D}}^{E_M} v^{E_M} \leq (v^{E_M})^T L^{E_M} v^{E_M}. \tag{113}$$

Mit $K_0 = \tilde{\lambda}_{\min}^{(L^{E_M},\tilde{\mathcal{D}}^{E_M})}$ entspricht K_0 gerade dem verallgemeinerten kleinsten Eigenwert des zugehörigen genäherten Block-Jacobi-Vorkonditionierers.

(ii) Es existiert eine Konstante K_1, so daß $\forall v^{E_M}, w^{E_M} \perp Kern(L^{E_M})$

$$(v^{E_M})^T \mathcal{F}^{E_M} w^{E_M} \leq K_1 \cdot \sqrt{(v^{E_M})^T \tilde{\mathcal{D}}^{E_M} v^{E_M}} \cdot \sqrt{(w^{E_M})^T \tilde{\mathcal{D}}^{E_M} w^{E_M}}. \tag{114}$$

Für invertierbares $\tilde{\mathcal{D}}^{E_M}$ ist $K_1 = |||\hat{\mathcal{F}}^{E_M}|||_2$, wobei

$$\hat{\mathcal{F}}^{E_M} := (\tilde{\mathcal{D}}^{E_M})^{-1/2} \mathcal{F}^{E_M} (\tilde{\mathcal{D}}^{E_M})^{-1/2}$$

und $|||.|||_2$ die Spektralnorm bezeichnet.

(iii) Es existiert eine Konstante $\omega \in (0,2)$, so daß

$$(v_j)^T L_{j,j} v_j \leq \omega \cdot (v_j)^T \tilde{\mathcal{D}}_{j,j} v_j \quad \forall j = 1, \ldots, J, \forall v_j. \tag{115}$$

$L_{j,j}$ und $\tilde{\mathcal{D}}_{j,j}$ bezeichnen dabei den zur jeweiligen Teilmenge $E_{M,j}$ gehörigen Diagonalblock der Matrizen L^{E_M} und $\tilde{\mathcal{D}}^{E_M}$, v_j den zu $E_{M,j}$ gehörigen Teil eines Vektors v^{E_M}.

Dann ergibt sich mit Xu [125], Beweis zum Fundamentaltheorem II, die Abschätzung

$$\rho^{BGS(\tilde{\mathcal{D}}^{E_M})} \leq \sqrt{1 - \frac{K_0 \cdot (2-\omega)}{(1+K_1)^2}} \tag{116}$$

für die Konvergenzrate des zugehörigen multiplikativen Block-Gauß-Seidel-Verfahrens mit inexaktem Blocklöser.

Unsere Voraussetzung (ii) unterscheidet sich dabei etwas von Xus Voraussetzung (ii). Diese lautet eigentlich (in unserer Notation):

(ii)^{Xu} Für alle $v_i, w_j, j = 1, \ldots, J$ und für *jede* Indexmenge S, die Teilmenge von $S_J := \{1, \ldots, J\} \times \{1, \ldots, J\}$ ist, $S \subseteq S_J$, existiert eine Konstante $\tilde{K}_1$ mit

$$(117) \qquad \sum_{(i,j)\in S} (v_i)^T L_{i,j} w_j \le \tilde{K}_1 \cdot \sqrt{(v^{E_M})^T \tilde{\mathcal{D}}^{E_M} v^{E_M}} \cdot \sqrt{(w^{E_M})^T \tilde{\mathcal{D}}^{E_M} w^{E_M}}.$$

L_{j_1,j_2} bezeichnet jetzt den zum jeweiligen Teilmengenpaar (E_{M,j_1}, E_{M,j_2}) gehörigen Block der Matrix L^{E_M}. Eine genauere Betrachtung des Beweises zum multiplikativen Verfahren in Xu [125] zeigt jedoch sofort, daß die einzig relevante Indexmenge das "Dreieck" $S_\Delta = \{(i,j) \in S_J : j < i\}$ ist. Damit folgt, daß für eine Konvergenzaussage zum multiplikativen Verfahren lediglich die Voraussetzung (ii) notwendig ist.

Es ist klar, daß $\tilde{K}_1$ eine obere Schranke für K_1 ist, also $K_1 \le \tilde{K}_1$ gilt. Xus $\tilde{K}_1$ ist aber auch eine obere Schranke für $\hat{K}_1 := \lambda_{\max}^{(L^{E_M}, \tilde{\mathcal{D}}^{E_M})}$, denn für die maximale Indexmenge S_J gilt gerade

$$(118) \qquad \sum_{(i,j)\in S_J} (v_i)^T L_{i,j} w_j = (v^{E_M})^T L^{E_M} w^{E_M}.$$

Weiterhin gilt

$$\begin{aligned} (v^{E_M})^T L^{E_M} v^{E_M} &\le \hat{K}_1 \cdot (v^{E_M})^T \tilde{\mathcal{D}}^{E_M} v^{E_M} \qquad \forall v^{E_M} \perp Kern(L^{E_M}) \\ \Leftrightarrow (v^{E_M})^T L^{E_M} w^{E_M} &\le \hat{K}_1 \cdot \sqrt{(v^{E_M})^T \tilde{\mathcal{D}}^{E_M} v^{E_M}} \cdot \sqrt{(w^{E_M})^T \tilde{\mathcal{D}}^{E_M} w^{E_M}}, \\ & \qquad \forall v^{E_M}, w^{E_M} \perp Kern(L^{E_M}). \end{aligned}$$

Die Rückrichtung sieht man sofort mit der Wahl $w^{E_M} = v^{E_M}$. Die Hinrichtung läßt sich leicht mit der Definition der Spektralnorm und des Spektralradius zeigen. Für weitere Details sei auf Griebel und Oswald [44], [45] verwiesen.

Nun wird der Grund für die allgemeinere Voraussetzung (ii)^{Xu} deutlich: Durch die Einführung der Konstanten $\tilde{K}_1$ gelingt es, das additive und das multiplikative Verfahren in einen *gemeinsamen* Rahmen zu zwingen.

Um nun $\tilde{K}_1$ abzuschätzen, wird etwa in Zhang [131], aber auch auf ähnliche Weise in Xu [125] und in Yserentant [129], eine zur Partitionierung $\mathcal{E}_M$ gehörige Matrix $\Theta_{\tilde{\mathcal{D}}^{E_M}}$ mit den Koeffizienten

$$(119) \qquad \theta_{j_1,j_2}^{\tilde{\mathcal{D}}^{E_M}} := \max_{v_{j_1}, v_{j_2}} \frac{(v_{j_1})^T L_{j_1,j_2} v_{j_2}}{\sqrt{(v_{j_1})^T \tilde{\mathcal{D}}_{j_1,j_1} v_{j_1}} \cdot \sqrt{(v_{j_2})^T \tilde{\mathcal{D}}_{j_2,j_2} v_{j_2}}}, \qquad j_1, j_2 = 1, \ldots, J,$$

definiert. Dann gilt

$$(120) \qquad \tilde{K}_1 \le \rho(\Theta_{\tilde{\mathcal{D}}^{E_M}}).$$

Für bestimmte, genügend feine Partitionierungen kann nun der Spektralradius $\rho(\Theta_{\tilde{\mathcal{D}}^{E_M}})$ durch geschicktes Zusammenfassen gewisser Teilräume blockweise mit Hilfe der $|||.|||_2$-Norm (Zhang [131]) oder mittels gewisser elementarer Zerlegungen und Verwendung der Zeilensummennorm (Xu [125], Lemma 4.6) mit einer Konstanten abgeschätzt werden. Dabei kann beispielsweise ausgenutzt werden, daß für eine beliebige symmetrische Matrix A, die in Blöcke $\{A_{i,j}\}_{i,j=1,\ldots,I}$ partitioniert ist und deren zugeordnete Matrix B, die die Einträge $b_{i,j} = |||A_{i,j}|||_2$ besitzt, die Beziehung

$$|||A|||_2 \leq |||B|||_2 \tag{121}$$

erfüllt ist. Im allgemeinen Fall gilt mit $\theta_{j_1,j_2} \leq 1$ aber nur $\rho(\Theta_{\tilde{\mathcal{D}}^{E_M}}) \leq J$.

Insgesamt erhalten wir die in Abbildung 12 dargestellte dreiecksartige Situation für die Beziehungen zwischen den verschiedenen Konstanten $K_1, \tilde{K}_1$ und $\hat{K}_1$.

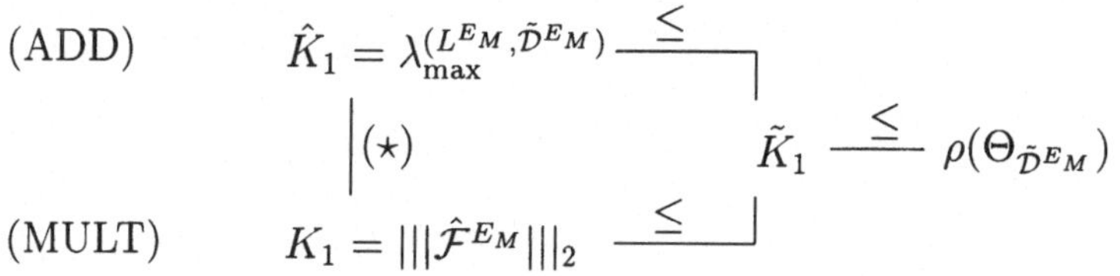

$$\begin{array}{lll}
\text{(ADD)} & \hat{K}_1 = \lambda_{\max}^{(L^{E_M},\tilde{\mathcal{D}}^{E_M})} \xrightarrow{\leq} & \\
 & \Big| (\star) & \tilde{K}_1 \xrightarrow{\leq} \rho(\Theta_{\tilde{\mathcal{D}}^{E_M}}) \\
\text{(MULT)} & K_1 = |||\hat{\mathcal{F}}^{E_M}|||_2 \xrightarrow{\leq} &
\end{array}$$

ABB. 12: *Zum Zusammenhang zwischen den einzelnen Konstanten.*

In Griebel und Oswald [44], [45] wurde der Versuch unternommen, die Konvergenzabschätzung für den multiplikativen Block-Gauß-Seidel-Algorithmus direkt auf ω und die Terme $\hat{K}_1$ und K_0 abzustützen, die ja gerade für die Kondition des zugehörigen Block-Jacobi-Vorkonditionierers bestimmend sind. In [45] konnte für den Fall *beliebiger* Partitionen $\mathcal{E}_M$ gezeigt werden, daß

$$K_1 \leq \frac{1}{2}[\log_2(2J)] \cdot \hat{K}_1 \tag{122}$$

gilt. Dies gibt den Zusammenhang $(\star)$ in Abbildung 12. Damit erhalten wir die Abschätzung

$$\rho^{BGS(\tilde{\mathcal{D}}^{E_M})} \leq \sqrt{1 - \frac{K_0 \cdot (2-\omega)}{(1 + \frac{1}{2}[\log_2(2J)] \cdot \hat{K}_1)^2}}. \tag{123}$$

Für Details sei auf Griebel und Oswald [44], [45] verwiesen. In Fällen mit bestimmten, genügend feinen Partitionierungen kann es wiederum durch geschicktes Zusammenfassen gewisser Teilräume analog zu Zhang [131] möglich sein, den $\frac{1}{2}[\log_2(2J)]$-Term durch eine Konstante zu ersetzen.

Somit ist ein Zusammenhang zwischen additiven und multiplikativen Teilraumkorrekturmethoden hergestellt. Generell genügt es, die Terme der jeweiligen additiven Jacobi-artig vorkonditionierten Methode abzuschätzen (im Fall inexakter Blocklöser muß zudem ω bestimmt werden). Die mit dem zusätzlichen Term $\frac{1}{2}[\log_2(2J)]$ behaftete Konvergenzabschätzung (123) des zugehörigen multiplikativen Gauß-Seidel-artigen Iterationsverfahren bekommt man dann geschenkt. Zudem kann man $\rho(\Theta_{\tilde{\mathcal{D}}^{E_M}})$ abschätzen und erhält damit eine obere Schranke für die Konvergenzabschätzung (116).

Diese Schranke muß allerdings nicht immer scharf sein, wie man sich leicht an folgendem Beispiel überlegen kann. Sei $E_M = \bigcup_{l=1}^{l_{\max}} B_l$ ein durch uniforme Verfeinerung gegebenes Erzeugendensystem. Als Blockpartitionierung wählen wir $\mathcal{E}_M = (B_l)_{1 \leq l \leq l_{\max}}$. Die Blockdiagonalmatrix $\mathcal{D}^{E_M}$ besteht dann gerade aus den sich mit B_l ergebenden Steifigkeitsmatrizen der verschiedenen Level $l = 1, \ldots, l_{\max}$ und ist invertierbar. Wie man leicht nachrechnet, gilt nun $\lambda_{\max}^{(L^{E_M}, \mathcal{D}^{E_M})} = l_{\max}$, $\tilde{\lambda}_{\min}^{(L^{E_M}, \mathcal{D}^{E_M})} = 1$, $\omega = 1$, und der zugehörige Block-Jacobi-Vorkonditionierer hat die verallgemeinerte Kondition $l_{\max}$. Im Gegensatz dazu wird jedoch durch das Block-Gauß-Seidel-Verfahren (mit exakter Invertierung der Blockdiagonalmatrizen) das Problem genau in einen Iterationsschritt gelöst, denn die Steifigkeitsmatrix des feinsten Levels ist ja in $\mathcal{D}^{E_M}$ enthalten und wird invertiert.

Dies zeigt, daß die multiplikativen Verfahren insbesondere bei nicht ausreichend feinkörniger Partitionierung von E_M den additiven Methoden durchaus überlegen sein können. Für multiplikative Verfahren ist die obige Theorie also noch nicht völlig ausgereift. Für die meisten praktischen Anwendungen jedoch hat sich in Xu [125] gezeigt, daß die Abschätzung des Terms $\tilde{K}_1$ beziehungsweise K_1 zumindest für qualitative Aussagen ausreichend ist.

Wir haben damit eine mehr oder weniger kompakte Theorie mit klaren Bezügen zwischen additiven und multiplikativen Iterationsverfahren. Ein gewisser Nachteil dieser Theorie ist sicherlich, daß die Abschätzungen im multiplikativen Fall noch sehr grob sind und lediglich qualitative, jedoch keine quantitativen Aussagen erlauben. Konvergenzverbesserungen durch bestimmte Durchlaufreihenfolgen oder eine sich wiederholende mehrfache Relaxation auf Teilmengen von $\mathcal{E}_M$, wie dies etwa bei mehrfachen Vor- und Nachglättungsschritten in Mehrgitterverfahren verwendet wird, werden nicht erfaßt, sondern gehen in Konstanten unter.

Jedoch hat dies auch Vorteile. Die Konvergenzabschätzung der multiplikativen

Methode mittels $\tilde{K}_1$ ist im Gegensatz zur Abschätzung mittels K_1 *unabhängig* von jeglicher Durchlaufreihenfolge. Gerade dies erlaubt es uns, später in den Abschnitten 6 und 7 eine andere als die üblicherweise bei Mehrgitterverfahren benutzte levelweise Durchlaufordnung durch die Menge der Funktionen des Erzeugendensystems zu verwenden, und ermöglicht direkt Aussagen zur Konvergenzrate der punkt- und gebietsorientierten Verfahren.

Wollen wir schließlich die symmetrische Variante des Block-Gauß-Seidel-Verfahrens als Vorkonditionierer im Verfahren der konjugierten Gradienten einsetzen, dann müssen wir für eine Konvergenzaussage die $|||.|||_{L^{E_M}}$-Norm des zugehörigen Iterationsoperators auch nach unten abschätzen. Dazu genügt eine beidseitige Abschätzung der Norm des Iterationsoperators des einfachen, nichtsymmetrischen Block-Gauß-Seidel-Verfahrens. Eine obere Schranke ist schon mit (116) gegeben worden. In Zhang [131] sehen wir, daß auch die Abschätzung nach unten nur von K_0 und ω abhängig ist. Aus symmetrischen multiplikativen Verfahren gewonnene Vorkonditionierer sind damit von der gleichen Konvergenzgüte wie das multiplikative Verfahren selbst.

4 Gradientenorientierte Verfahren für das semidefinite System

Nun betrachten wir exemplarisch für gradientenorientierte Iterationsverfahren die mit definitem, symmetrischem C^{E_M} vorkonditionierte Methode des steilsten Abstiegs über dem semidefiniten System. Wir werden sehen, daß sich moderne Multilevel-Vorkonditionierer, wie sie von Bramble, Pasciak und Xu (BPX) [22], Zhang (MDS) [131] und Yserentant (HB) [126] für das Standardbasissystem vorgeschlagen wurden, bezüglich des Erzeugendensystems E_M mittels einfacher Diagonalmatrizen C^{E_M} beschreiben lassen. Die verallgemeinerte Kondition der vorkonditionierten semidefiniten Matrix, das heißt das Verhältnis zwischen größtem und kleinstem nicht-verschwindendem Eigenwert, bestimmt die Konvergenzrate der Gradientenverfahren. Wir zeigen, daß sie gleich der Kondition des BPX-Vorkonditionierers ist und deswegen nicht von der Zahl der Freiheitsgrade des semidefiniten Systems abhängt. Weiterhin demonstrieren wir, wie Gradientenverfahren für das semidefinite System effizient implementiert werden können, so daß die Zahl der benötigten Rechenoperationen lediglich proportional zur Zahl der Freiheitsgrade ist.

4.1 Das Residuum und vorkonditionierte Gradientenverfahren

Zunächst studieren wir die mit C^{E_M} vorkonditionierte Methode des steilsten Abstiegs als einfaches Beispiel für ein Gradientenverfahren über dem semidefiniten System und zeigen, wie sie mit der vorkonditionierten Methode des steilsten Abstiegs für das definite Knotenbasissystem bezüglich B_M zusammenhängt.

Die mit C^{E_M} vorkonditionierte Methode des steilsten Abstiegs für das semidefinite System lautet

$$(124)\qquad \begin{aligned} u^{E_M,it+1} &= u^{E_M,it} + \alpha^{it} \cdot C^{E_M} r^{E_M,it}, \qquad it = 0,1,2,\ldots, \\ \text{wobei}\quad \alpha^{it} &= \frac{(r^{E_M,it})^T C^{E_M} r^{E_M,it}}{(C^{E_M} r^{E_M,it})^T L^{E_M} C^{E_M} r^{E_M,it}}. \end{aligned}$$

Zunächst wird also das aktuelle Residuum $r^{E_M,it} = f^{E_M} - L^{E_M} u^{E_M,it}$ berechnet. Dann sucht man das *Minimum* des Energiefunktionals $J^{E_M}(u^{E_M,it+1})$ auf der

Linie

$$\{u^{E_M,it+1} = u^{E_M,it} + t^{it} \cdot C^{E_M} r^{E_M,it} : t^{it} \geq 0\}, \tag{125}$$

das gerade bei $t^{it} = \alpha^{it}$ angenommen wird.

Nun transformieren wir (124) schrittweise in das vorkonditionierte Verfahren des steilsten Abstiegs über dem definiten System $L^{B^M} u^{B_M} = f^{B^M}$. Mit den Beziehungen

$$u^{B_M,it} = S^{EB_M} u^{E_M,it}, \tag{126}$$

den Darstellungen (47)

$$L^{E_M} = (S^{EB_M})^T L^{B_M} S^{EB_M}, \qquad f^{E_M} = (S^{EB_M})^T f^{B_M}$$

sowie der Beziehung

$$r^{E_M,it} = (S^{EB_M})^T r^{B_M,it} \qquad \forall u^{E_M,it} : u^{B_M,it} = S^{EB_M} u^{E_M,it} \tag{127}$$

(siehe (54) und (55)) erhalten wir das Iterationsverfahren

$$\begin{aligned} u^{B_M,it+1} &= u^{B_M,it} + \alpha^{it} \cdot S^{EB_M} C^{E_M} (S^{EB_M})^T r^{B_M,it}, \qquad it = 0,1,2,\ldots, \\ \text{wobei} \quad \alpha^{it} &= \frac{(r^{E_M,it})^T C^{E_M} r^{E_M,it}}{(C^{E_M} r^{E_M,it})^T L^{E_M} C^{E_M} r^{E_M,it}} \\ &= \frac{(r^{B_M,it})^T S^{EB_M} C^{E_M} (S^{EB_M})^T r^{B_M,it}}{(r^{B_M,it})^T S^{EB_M} (C^{E_M})^T (S^{EB_M})^T L^{B_M} S^{EB_M} C^{E_M} (S^{EB_M})^T r^{B_M,it}}. \end{aligned}$$

Mit

$$C^{B_M} := S^{EB_M} C^{E_M} (S^{EB_M})^T \tag{128}$$

ist dies äquivalent zu

$$\begin{aligned} u^{B_M,it+1} &= u^{B_M,it} + \alpha^{it} \cdot C^{B_M} r^{B_M,it}, \qquad it = 0,1,2,\ldots, \\ \text{wobei} \quad \alpha^{it} &= \frac{(r^{B_M,it})^T C^{B_M} r^{B_M,it}}{(C^{B_M} r^{B_M,it})^T L^{B_M} C^{B_M} r^{B_M,it}}, \end{aligned} \tag{129}$$

und wir erhalten gerade das mit C^{B_M} vorkonditionierte Verfahren des steilsten Abstiegs für $L^{B_M} u^{B_M} = f^{B_M}$. In analoger Weise läßt sich zeigen, daß das mit C^{E_M} vorkonditionierte Verfahren der konjugierten Gradienten für $L^{E_M} u^{E_M} = f^{E_M}$ äquivalent ist zum mit C^{B_M} vorkonditionierten Verfahren der konjugierten Gradienten für $L^{B_M} u^{B_M} = f^{B_M}$. Die Vorkonditionierung mit C^{E_M} bezüglich E_M und die Vorkonditionierung mit C^{B_M} bezüglich B_M sind also gleichwertig. Mit Hilfe des Erzeugendensystems ergibt sich in (128) eine faktorisierte multilevelartige Darstellung des Vorkonditionierers C^{B_M}.

4.2 BPX-Vorkonditionierer und verwandte Vorkonditionierer

Im folgenden zeigen wir, daß sich moderne Multilevel-Vorkonditionierer, wie sie von Bramble, Pasciak und Xu (BPX) [22], Zhang (MDS) [131] und Yserentant (HB) [126] für das Standardbasissystem $L^{B_M}u^{B_M} = f^{B_M}$ vorgeschlagen wurden, bezüglich des Erzeugendensystems E_M jetzt durch den Operator $S^{EB_M}C^{E_M}(S^{EB_M})^T$ mit einfachen Diagonalmatrizen C^{E_M} beschreiben lassen.

In Yserentant [127] wird betrachtet, wie das Feingittersystem $L^{B_M}u^{B_M} = f^{B_M}$ durch CG-beschleunigte Iterationen mit verschiedenen selbstadjungierten, positiv definiten Vorkonditionierungsoperatoren $C^{B_M} : V_M \to V_M$ gelöst werden kann. Sei nun r die zum Residuumsvektor $r^{B_M,it} = f^{B_M} - L^{B_M}u^{B_M,it}$ einer beliebigen aktuellen Iterierten $u^{B_M,it}$ gehörige Residuumsfunktion $r = \sum_{\phi\in B_M} r_\phi \cdot \phi$. Die BPX- und HB-Vorkonditionierung wird durch die zugehörigen Operatoren $C^{B_M,X}$ und $C^{B_M,Y}$ beschrieben, die wie folgt definiert sind:

$$(130) \qquad C^{B_M,X}r = L_0^{-1}\sum_{\phi\in B_0}(r,\phi)\cdot\phi + \sum_{l=1}^{l_{\max}}\sum_{\phi\in E_M\cap B_l}\frac{1}{d_\phi^l}(r,\phi)\cdot\phi, \qquad (BPX)$$

$$(131) \qquad C^{B_M,Y}r = L_0^{-1}\sum_{\phi\in B_0}(r,\phi)\cdot\phi + \sum_{l=1}^{l_{\max}}\sum_{\substack{\phi\in E_M:\,\phi(x)=1,\\ x\in N_l\setminus N_{l-1}}}\frac{1}{d_\phi^l}(r,\phi)\cdot\phi. \qquad (HB)$$

Dabei werden die Skalierungsfaktoren als $d_\phi^l = 4^l(1,\phi)$ gewählt. Der Term $L_0^{-1}\sum_{\phi\in B_0}(r,\phi)\cdot\phi$ gehört hier zu allgemeineren Randbedingungen und zu der bei einer allgemeineren Gebietsform notwendigen Ausgangszerlegung T_0 oder Ω_0 in d-Simplices oder Quadrate bzw. Würfel, vergleiche auch Abbildung 1. Yserentant schlug in [127] vor, die Skalierungsfaktoren d_ϕ^l in (130) durch $\hat{d}_\phi^l = a(\phi,\phi)$ zu ersetzen, was zum Vorkonditionierer $C^{B_M,J}$ führt, der definiert ist als

$$(132) \qquad C^{B_M,J}r = L_0^{-1}\sum_{\phi\in B_0}(r,\phi)\cdot\phi + \sum_{l=1}^{l_{\max}}\sum_{\phi\in E_M\cap B_l}\frac{1}{\hat{d}_\phi^l}(r,\phi)\cdot\phi. \qquad (MDS)$$

Für den Vollgitterfall $B_M = B_k$ wurde $C^{B_M,J}$ weiterhin von Zhang in [131] als eine Multilevel-Diagonalskalierungsvariante der additiven Schwarz-Methode analysiert. Man kann erwarten, daß dieser Vorkonditionierer in der Praxis besser als BPX arbeitet, da mit $\hat{d}_\phi^l$ auch Information mit einbezogen wird, die die

Eigenschaften des Problems bzw. des Operators L beinhaltet. Für elliptische Probleme mit konstanten Koeffizienten stimmt MDS mit BPX bis auf eine Konstante überein. Weiterhin gilt im einfachen Fall $\Omega = (0,1)^d$ und homogenen Dirichlet-Randbedingungen, daß der zur Anfangszerlegung Ω_0 gehörige Raum V_0 der triviale Nullraum ist, so daß der Term $L_0^{-1} \sum_{\phi \in B_0} (r, \phi) \cdot \phi$ verschwindet. Im Fall einer allgemeineren Gebietsform mit nichttrivialer Ausgangszerlegung des Gebiets Ω sowie für allgemeinere Randbedingungen muß hier ein System mit der Diskretisierungsmatrix L_0 des Levels 0 gelöst werden, das der Ausgangszerlegung zugeordnet ist.

Die obigen Vorkonditionierer lassen sich nicht ohne Schwierigkeiten mittels (n^{B_M}, n^{B_M})-Matrizen schreiben. Sie können aber leicht mit Hilfe des Erzeugendensystems E_M und des semidefiniten Systems $L^{E_M} u^{E_M} = f^{E_M}$ ausgedrückt werden. Im betrachteten Fall mit verschwindendem Term $L_0^{-1} \sum_{\phi \in B_0} (r, \phi) \cdot \phi$ ergibt die Berechnung des Residuums $r^{E_M} = f^{E_M} - L^{E_M} u^{E_M}$ nach levelweiser Partition

$$(133) \qquad r^{E_M} = (S^{EB_M})^T r^{B_M} = \begin{pmatrix} r^{(1)^T} & r^{(2)^T} & \ldots & r^{(l_{\max}-1)^T} & r^{(l_{\max})^T} \end{pmatrix}^T$$

mit

$$(134) \qquad (r^{(l)})_\phi = (r, \phi) \cdot \phi, \quad l = l_{\max}, \ldots, 1, \quad \phi \in E_M \cap B_l.$$

Der BPX-, der MDS- und der HB-Vorkonditionierer entsprechen gerade einer Multiplikation des Residuums r^{E_M} des erweiterten Systems mit einer Matrix C^{E_M}. Für alle oben eingeführten Vorkonditionierer hat diese Matrix C^{E_M} Diagonalform. Die Vorkonditionierer unterscheiden sich nur in ihren Diagonaleinträgen. Deswegen führen in der Sichtweise des Erzeugendensystems die BPX-, MDS- oder HB-Vorkonditionierung lediglich zu einer *Diagonalskalierung des Residuums.*

Für den BPX-Vorkonditionierer $C^{B_M,X}$ hat sein Analogon $C^{E_M,X}$, als Matrix betrachtet, vollen Rang. Es gilt

$$(135) \qquad C^{E_M,X} = diag\left(1/d_\phi^l\right), \quad l = l_{\max}, \ldots, 1, \quad \phi \in E_M \cap B_l.$$

Sind nun die Funktionen unseres Erzeugendensystems schon geeignet skaliert, dann ist $C^{E_M,X} = I^{E_M}$, und BPX-CG führt zum gewöhnlichen Verfahren der konjugierten Gradienten auf dem semidefiniten System. Diese spezielle Skalierung wird durch

$$(136) \qquad \bar{\phi} = h_l^{(2-d)/2} \phi, \quad \phi \in E_M \cap B_l, \quad l = l_{\max}, \ldots, 1, \; d = 1, 2, \ldots,$$

ausgedrückt. Man beachte, daß im zweidimensionalen Fall tatsächlich keine Skalierung notwendig ist.

Da im MDS-Schema die modifizierten Skalierungsfaktoren $\hat{d}_{\phi}^{(l)} = a(\phi, \phi)$ verwendet werden, ist

$$C^{E_M,J} = diag\,(1/a(\phi,\phi)) = (D^{E_M})^{-1}, \quad \phi \in E_M. \tag{137}$$

Damit reduziert sich der MDS-Vorkonditionierer gerade zum Jacobi-Vorkonditionierer für das semidefinite System (Jacobi-CG). Werden die Funktionen unseres Erzeugendensystems geeignet skaliert, dann gilt $C^{E_M,J} = I^{E_M}$, und MDS-CG entspricht dem üblichen Verfahren der konjugierten Gradienten auf dem semidefiniten System. Diese spezielle Skalierung ist durch

$$\hat{\phi} = a(\phi, \phi)^{-1/2}\phi, \quad \phi \in E_M \tag{138}$$

gegeben. Man beachte, daß die Jacobi-Iteration für das semidefinite System im allgemeinen nicht konvergiert. Das gleiche gilt auch für die zum BPX-Vorkonditionierer gehörige Basisiteration (60) bezüglich B_M. Es ist die Kombination von CG und Vorkonditionierung, die die Methode schnell konvergieren läßt.

Für den HB-Vorkonditionierer $C^{B_M,Y}$ hat sein Analogon $C^{E_M,Y}$ keinen vollen Rang mehr. Nur die n^{B_M} Diagonaleinträge sind ungleich Null, die zu den in der hierarchischen Basis H_M vorkommenden Funktionen gehören. (Sie enthalten die Inverse der Skalierungsfaktoren $d_{\phi}^{(l)}$ oder $\hat{d}_{\phi}^{(l)}$.) Für Details zum HB-Vorkonditionierer sei auf Yserentant [126], [128] und Griebel [42] verwiesen.

Will man nun den resultierenden Vektor $C^{E_M,x} r^{E_M}, x \in \{X, Y, J\}$, mittels der Basis B_M ausdrücken, dann muß man ihn mit S^{EB_M} multiplizieren, was zu der expliziten levelweisen Summation in (130), (131) und (132) führt. Mit der Verwendung des Erzeugendensystems kann diese Summation jedoch aufgrund der nicht-eindeutigen levelweisen Darstellung der Funktionen von V_M vermieden werden.

Weiterhin ist es nun möglich, die BPX-, MDS- und HB-Vorkonditionierer bezüglich B_M durch die Matrixnotation

$$C^{B_M,x} = S^{EB_M} C^{E_M,x} (S^{EB_M})^T, \quad x \in \{X, Y, J\}. \tag{139}$$

zu charakterisieren.

Wir haben gesehen, daß die Verwendung des Erzeugendensystems anstatt der Standardbasis eine leichte und einfache Beschreibung des BPX-, MDS-, und

HB-Vorkonditionierers erlaubt. Die komplizierte BPX-, MDS-, und HB-Vorkonditionierung reduziert sich in E_M zu einfacher Diagonalskalierung des Residuums r^{E_M}. Wenn wir geeignet skalierte Erzeugendensystemfunktionen in E_M wählen, dann reduziert sich C^{E_M} zur Einheitsmatrix, was bedeutet, daß nur der einfache CG-Algorithmus auf dem zugehörigen semidefiniten System auszuführen ist.

4.3 Konditionsbetrachtungen

Nun betrachten wir die Konditionszahl des mit C^{E_M} vorkonditionierten semidefiniten Systems. Natürlich ist im allgemeinen die konventionelle Konditionszahl unendlich, da L^{E_M} singulär ist. Legt man aber mit (46) einen verallgemeinerten Konditionsbegriff zugrunde, bei dem die Matrix eingeschränkt auf das orthogonale Komplement ihres Nullraums betrachtet wird, dann läßt sich zeigen, daß die Konditionszahlen der vorkonditionierten erweiterten und ursprünglichen Systeme gleich sind. Jeder Eigenwert von $C^{B_M}L^{B_M}$ ist auch ein Eigenwert von $C^{E_M}L^{E_M}$, und die restlichen Eigenwerte von $C^{E_M}L^{E_M}$ sind Null. Diese Aussage gilt für alle definiten, symmetrischen Vorkonditionierungsmatrizen C^{B_M} mit $C^{B_M} = S^{EB_M}C^{E_M}(S^{EB_M})^T$. Sie folgt direkt mit Hackbusch [56], Satz 2.4.6., Seite 30.

Wir erhalten somit

$$\kappa(C^{B_M}L^{B_M}) = \tilde{\kappa}(C^{E_M}L^{E_M}, I^{E_M}). \tag{140}$$

Dabei reduziert sich $\kappa(C^{B_M}L^{B_M})$ zur üblichen Definition der Konditionszahl.

Jedes Ergebnis über die Konditionszahl von $C^{B_M}L^{B_M}$ läßt sich deswegen sofort auf die vorkonditionierte semidefinite Matrix $C^{E_M}L^{E_M}$ übertragen, vorausgesetzt C^{B_M} ist symmetrisch und definit, wie es für die BPX- und MDS-Vorkonditionierer ja der Fall ist. Diese Aussage läßt sich auch, wie in Griebel und Oswald [44], [45] vorgeführt, mit Hilfe des sogenannten "Fictitious Domain"-Lemmas zeigen, das auf Nepomnyaschikh [85], [86] zurückgeht.

Zunächst von Oswald [89], [90], [91], [92], und dann auch von Bramble und Pasciak [20], Xu [125] und Zhang [131] konnte für den Vollgitterfall $B_M = B_{l_{\max}}$ gezeigt werden, daß die Kondition $\kappa(C^{B_M,x}L^{B_M}), x \in \{X, J\}$, des BPX-vorkonditionierten Systems von der Ordnung $\mathcal{O}(1)$ ist. Oswald benutzt dazu die diskrete Norm

$$(141) \qquad |||u|||^2 := \inf_{u=\sum_{l=1}^{l_{\max}} u^l} \sum_{l=1}^{l_{\max}} 4^{-l} \|u^l\|_0^2, \qquad u^l \in V_l,$$

bei der eine Funktion $u \in V_{l_{\max}}$ nicht-eindeutig levelweise zerlegt wird als $u = \sum_{l=1}^{l_{\max}} u^l$, und zeigt mittels der Theorie der Besovräume [105] die Normäquivalenz $\|u\|_{\mathcal{H}^1} \sim |||u|||$. Mit diesem Hilfsmittel gelingt es ihm, die Konditionszahl des BPX-Operators geeignet mit $\mathcal{O}(1)$ abzuschätzen. Entscheidend ist dabei, daß keine zusätzlichen Bedingungen an die Regularität des Problem gestellt werden müssen.

In den Beweisen von Bramble und Pasciak [20] sowie Xu [125] werden die Eigenschaften von L_2- und $\mathcal{H}^1-$Projektionsoperatoren benutzt, um ein analoges Ergebnis zu erzielen. Zhangs Vorgehen [131] ist prinzipiell ähnlich. Für den Nachweis der Beschränktheit des kleinsten Eigenwerts des BPX-Operators im Fall allgemeiner Gebiete Ω, etwa mit einspringenden Ecken, bettet er in eleganter Weise Ω in ein umfassendes konvexes Gebiet ein. Durch geschickte rekursive Zerlegung dieses Gebiets gelingt ihm dann die Rückführung des Beweises auf den einfacheren Fall eines $\mathcal{H}^2$-regulären Problems.

Jüngst konnte von Dahmen und Kunoth [31] wiederum mit Argumenten der Besovraumtheorie nachgewiesen werden, daß die Eigenwerte des BPX- bzw. MDS-vorkonditionierten Systems auch im Fall *adaptiv verfeinerter* Gitter und Räume beschränkt sind und damit die Kondition $\kappa(C^{B_M,x}L^{B_M}), x \in \{X, J\}$, von der Ordnung $\mathcal{O}(1)$ bleibt. Weitere Argumente für den adaptiven Fall findet man auch in Bornemann und Yserentant [16]. Der Beweis benutzt Peetre's K-Methode und die Technik lokaler L_2-Approximationen. Eine Übersicht älterer und neuerer Konvergenzbeweise für Multilevelverfahren findet man in Yserentant [129].

Damit können wir schließen, daß

$$(142) \qquad \tilde{\kappa}(C^{E_M,x}L^{E_M}, I^{E_M}) = \mathcal{O}(1), \quad x \in \{X, J\},$$

und, daß insbesondere für den MDS-Fall $x = J$ die Abschätzung

$$(143) \qquad 0 < c_1 \leq \tilde{\lambda}_{\min}^{(L^{E_M},D^{E_M})} \leq \lambda_{\max}^{(L^{E_M},D^{E_M})} \leq c_2$$

mit positiven Konstanten c_1, c_2 gilt. Benutzen wir also geeignet skalierte Funktionen in E_M mit $C^{E_M,x} = I^{E_M}$, dann besitzt die semidefinite Systemmatrix, die sich nun mit dem Ritz-Galerkin-Ansatz ergibt, eine verallgemeinerte Konditionszahl unabhängig von $l_{\max}$ und n^{E_M}.

4.4 Effiziente Realisierung

Bisher haben wir gesehen, daß die verallgemeinerte Kondition des Jacobi-vorkonditionierten Systems $C^{E_M,x}L^{E_M}, x \in \{X, J\}$, und damit die Konvergenzraten des zugehörigen Verfahrens der konjugierten Gradienten und der Methode des steilsten Abstiegs nicht von $l_{\max}$ und n^{E_M} abhängen. Nun wenden wir uns der Frage zu, wie diese Iterationsverfahren so implementiert werden können, daß die Zahl der in einem Iterationsschritt benötigten Rechenoperationen proportional zu n^{E_M} ist.

Bei der vorkonditionierten Methode des steilsten Abstiegs und beim Verfahren der konjugierten Gradienten sind neben Vektoradditionen, -subtraktionen und skalaren Multiplikationen auch Skalarprodukte von Vektoren zu bilden sowie Matrix-Vektormultiplikationen zu realisieren. Es ist klar, daß die Addition bzw. Subtraktion zweier Vektoren aus $\mathbb{R}^{n^{E_M}}$ gerade n^{E_M} Additions- bzw. Subtraktionsoperationen benötigt. Bei der skalaren Multiplikation sind n^{E_M} Multiplikationen auszuführen, und bei der Skalarproduktbildung zweier Vektoren sind n^{E_M} Additionen und Multiplikationen zu berechnen. Auch die Matrix-Vektormultiplikation $C^{E_M,x}v^{E_M}$ kann, da $C^{E_M,x}$ für $x \in \{X, J\}$ eine reine Diagonalmatrix ist, in n^{E_M} Multiplikationen ausgeführt werden.

Zentraler Punkt einer effizienten Implementierung ist deswegen die kostengünstige Ausführung der Matrix-Vektormultiplikation $L^{E_M}v^{E_M}$. Betrachten wir dazu zunächst die Matrix L^{E_M}. Diese Matrix ist im allgemeinen dichter besiedelt als L^{B_M}. Die Zahl der Einträge pro Zeile ist nicht für jede Zeile $\mathcal{O}(1)$. Sie ist vielmehr in vielen Zeilen von n^{E_M} abhängig. Beispielsweise sind in der zu $\phi \in B_1$ gehörigen Zeile im Fall eines allgemeinen Operators L sogar alle Einträge ungleich Null. Die Struktur der Matrix L^{E_4} ist für das einfache Beispiel $L = \Delta$ bei levelweiser Anordnung der Freiheitsgrade in Abbildung 13 zu sehen.

Sowohl das explizite Aufstellen von L^{E_M} als auch die direkte Multiplikation mit einem Vektor ist also nicht in $\mathcal{O}(n^{E_M})$ Operationen möglich. Jedoch läßt sich dieses Problem folgendermaßen umgehen. Die Matrix L^{E_M} wird nicht explizit assembliert, sondern wir benutzen bei der Matrix-Vektormultiplikation ihre faktorisierte Darstellung

$$L^{E_M} = (S^{EB_M})^T L^{B_M} S^{EB_M}, \tag{144}$$

(siehe (47)), bei der lediglich die Transformationsoperatoren S^{EB_M}, $(S^{EB_M})^T$

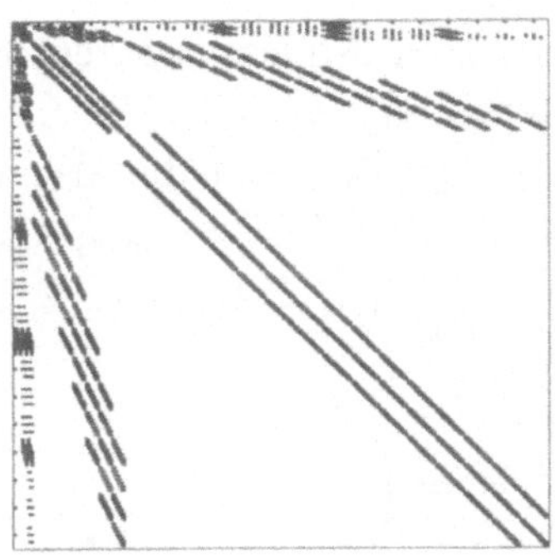

ABB. 13: *Struktur der semidefiniten Matrix L^{E_4} mit $L = \Delta$.*

und die Diskretisierung L^{B_M} vorkommen. Dann sind nacheinander

(145) $$v^{B_M} := S^{EB_M} v^{E_M}, \quad w^{B_M} := L^{B_M} v^{B_M} \quad \text{und} \quad z^{E_M} := (S^{EB_M})^T w^{B_M}$$

zu berechnen. Der Aufwand für die Matrix-Vektormultiplikation $L^{B_M} v^{B_M}$ ist analog zu den Argumenten in Yserentant [126] proportional zu n^{B_M}. Somit bleibt noch die Aufgabe, eine effiziente Realisierung der Abbildungen S^{EB_M} und $(S^{EB_M})^T$ zu finden. Um die Vorgehensweise zu demonstrieren, betrachten wir den einfachen Fall der uniformen Gitterverfeinerung mit $V_M = V_{l_{\max}}$. Legen wir nun eine *levelweise* Anordnung der Funktionen des Erzeugendensystems E_M der Art

(146) $$B_1 \cap E_M, B_2 \cap E_M, B_3 \cap E_M, \ldots, B_{l_{\max}} \cap E_M$$

zugrunde, was in unserem Fall $V_{B_M} = V_{B_{l_{\max}}}$ äquivalent ist zur Anordnung

(147) $$B_1, B_2, B_3, \ldots, B_{l_{\max}},$$

dann kann die Abbildung $S^{EB_M} : \mathbb{R}^{n^{E_M}} \to \mathbb{R}^{n^{B_M}}$ durch das Produkt

(148) $$\begin{aligned} S^{EB_M} &= S_{l_{\max}}^{l_{\max}-1,E_M} \cdot S_{l_{\max}-1}^{l_{\max}-2,E_M} \cdot S_{l_{\max}-2}^{l_{\max}-3,E_M} \cdot \ldots \cdot S_3^{2,E_M} \cdot S_2^{1,E_M} \\ &= \prod_{l=2}^{l_{\max}} S_{l_{\max}+2-l}^{l_{\max}+1-l,E_M} \end{aligned}$$

von dünn besiedelten $(\sum_{i=l}^{l_{\max}} |B_i|, \sum_{i=l-1}^{l_{\max}} |B_i|)$-Matrizen S_l^{l-1,E_M} levelweise beschrieben und berechnet werden.

Sei $P_{l-1}^l, l = l_{\max}, \ldots, 2$, die zum d-linearen Interpolationsoperator $V_{l-1} \to V_l$ gehörige Matrix. Sei weiterhin $R_l^{l-1}, l = l_{\max}, \ldots, 2$, die Matrix, die zum Restriktionsoperator $V_l \to V_{l-1}$ gehört, und die als die Transponierte von P_{l-1}^l definiert ist, das heißt $R_l^{l-1} = (P_{l-1}^l)^T$, $l = l_{\max}, \ldots, 2$. Dann lassen sich die Transformationsmatrizen S_l^{l-1,E_M}, $l = l_{\max}, \ldots, 2$, mit Hilfe dieser Transfer-Operatoren ausdrücken als

$$S_l^{l-1,E_M} = \begin{pmatrix} P_{l-1}^l & I_l & 0 \\ 0 & 0 & I_{l_{\max},l+1} \end{pmatrix}. \tag{149}$$

$I_{l_{\max},l+1}$ ist dabei die Einheitsmatrix der Dimension $\sum_{i=l+1}^{l_{\max}} n_i$ für $l < l_{\max}$ und verschwindet für $l = l_{\max}$. I_l ist die Einheitsmatrix der Dimension n_l. Mit anderen Worten entspricht S_l^{l-1,E_M} einer Abbildung $V_{l-1} \times V_l \times V_{l+1} \times \ldots \times V_{l_{\max}} \to V_l \times V_{l+1} \times \ldots \times V_{l_{\max}}$, wobei lediglich die zur V_{l-1}-Komponente gehörige Funktion auf V_l interpoliert wird und zu der V_l-Komponente zugehörigen Funktion addiert wird. Die restlichen Funktionen, die zu den Komponenten $V_{l+1}, \ldots, V_{l_{\max}}$ gehören, bleiben unverändert.

Die transponierten Matrizen $(S_l^{l-1,E_M})^T$, $l = 2, \ldots, l_{\max}$, ergeben sich zu

$$(S_l^{l-1,E_M})^T = \begin{pmatrix} R_l^{l-1} & 0 \\ I_l & 0 \\ 0 & I_{l_{\max},l+1} \end{pmatrix}, \tag{150}$$

und die transponierte Matrix $(S^{EB_M})^T$ läßt sich damit schreiben als

$$\begin{aligned} (S^{EB_M})^T &= (S_2^{1,E_M})^T \cdot (S_3^{2,E_M})^T \cdot \ldots \cdot (S_{l_{\max}-1}^{l_{\max}-2,E_M})^T \cdot (S_{l_{\max}}^{l_{\max}-1,E_M})^T \\ &= \prod_{l=2}^{l_{\max}} (S_l^{l-1,E_M})^T. \end{aligned} \tag{151}$$

Die für die Ausführung der Schritte $v^{B_M} := S^{EB_M} v^{E_M}$ und $z^{E_M} := (S^{EB_M})^T w^{B_M}$ benötigte Zahl von Rechenoperationen ist damit $\mathcal{O}(n^{E_M})$. Dieses Grundprinzip der levelweise faktorisierten Darstellung (47) von L^{E_M} mittels (148) und (151) wurde in Griebel [42] eingeführt.

Dieser Zugang läßt sich direkt auf den Fall adaptiv verfeinerter Gitter übertragen, bei dem durch die Adaption eine Sequenz von Räumen $\tilde{V}_1 \subset \tilde{V}_2 \subset \ldots \subset \tilde{V}_{l_{\max}}$ entsteht, wobei grobe Gitter die Gebiete mit feinerer Gitterstruktur überdecken. Dazu sind lokale Prolongations- und Restriktionsoperatoren in die zugehörigen $S_l^{l-1,E}$ und $(S_l^{l-1,E})^T$ zu integrieren.

Insgesamt ist es damit möglich, die Matrix-Vektormultiplikation und somit auch einen Iterationsschritt des mit $C^{E_M,x}$, $x \in \{X, J\}$, vorkonditionierten Verfahrens des steilsten Abstiegs oder der Methode der konjugierten Gradienten so zu implementieren, daß $\mathcal{O}(n^{E_M})$ Rechenoperationen benötigt werden. Die Möglichkeit, das Residuum $r^{E_M,it}$ als $(S^{EB_M})^T r^{B_M,it}$ zu berechnen, kann zudem helfen, unnötige Operationen einzusparen.

Es ist klar, daß mit der Darstellung $C^{B_M,x} = S^{EB_M} C^{E_M,x} (S^{EB_M})^T$, $x \in \{X, J\}$, des BPX-Operators auch die zu obigem Vorgehen duale Implementierung des BPX-Vorkonditioniers für das definite System $L^{B_M} u^{B_M} = f^{B_M}$ in $\mathcal{O}(n^{E_M})$ Operationen zu bewerkstelligen ist. Dies wird in Bornemann, Erdmann und Kornhuber [15] bei der Realisierung des BPX-Vorkonditionierers in einem dreidimensionalen adaptiven Multilevelverfahren benutzt. Eine ausführliche Beschreibung der Implementierung des BPX-Vorkonditionierers wird auch in Bey [11] gegeben.

5 Levelweise Gauß-Seidel-Iteration für das semidefinite System

Nun betrachten wir Gauß-Seidel-Iterationen für das levelweise angeordnete semidefinite System und zeigen, wie diese in effizienter Weise realisiert werden können. Weiterhin demonstrieren wir, daß Gauß-Seidel-Iterationen für das levelweise angeordnete semidefinite System als Mehrgittermethoden (MG) für das Standardsystem interpretiert werden können. Die Level induzieren dabei eine Blockpartitionierung des semidefiniten Systems. Der Wechsel von Level zu Level entspricht einer äußeren Block-Gauß-Seidel-Iteration mit inexaktem inneren Löser für das semidefinite System. Die MG-Glättungsschritte entsprechen dann inneren Gauß-Seidel-Iterationen für jeden Block. Der Mehrgitter-V-Zyklus mit einem Vor- und einem Nachglättungsschritt durch Gauß-Seidel-Iterationen reduziert sich somit auf die symmetrische Gauß-Seidel-Methode. Darüber hinaus läßt sich die symmetrische GS-Iteration für das semidefinite System selbst als Vorkonditionierer im Verfahren der konjugierten Gradienten anwenden.

Schließlich zeigen wir, daß das Gauß-Seidel-Verfahren unabhängig von der Zahl der Freiheitsgrade des semidefiniten Systems konvergiert. Von besonderem Interesse ist dabei, daß diese Aussage *unabhängig* von der zugrundeliegenden Anordnung der Unbekannten gilt. Dies wird später auch eine andere als die der Mehrgitterphilosophie entsprechende levelweise Durchlaufreihenfolge erlauben.

5.1 Levelorientierte Partitionierung des semidefiniten Systems

Nun legen wir, wie schon bei der levelweisen Realisierung der Matrix-Vektormultiplikation des vorigen Abschnitts, eine levelweise Anordnung der Funktionen des Erzeugendensystems E_M der Art

$$B_1 \cap E_M, B_2 \cap E_M, B_3 \cap E_M, ..., B_{l_{\max}} \cap E_M \tag{152}$$

zugrunde. Das heißt, wir zerlegen das Erzeugendensystem E_M in die Sequenz von Mengen

$$\mathcal{E}_{\mathcal{M}}{}^{level} := (E_{M,j})_{1 \le j \le l_{\max}}, \quad \text{mit} \quad E_{M,j} := E_M \cap B_j. \tag{153}$$

Das semidefinite System $L^{E_M}u^{E_M} = f^{E_M}$ partitionieren wir analog und erhalten das Blocksystem

$$(154) \qquad \begin{pmatrix} L_{1,1} & L_{1,2} & \cdot & \cdot & L_{1,l_{\max}} \\ L_{2,1} & L_{2,2} & \cdot & \cdot & L_{2,l_{\max}} \\ \cdot & \cdot & \cdot & \cdot & \cdot \\ \cdot & \cdot & \cdot & \cdot & \cdot \\ L_{l_{\max},1} & L_{l_{\max},2} & \cdot & \cdot & L_{l_{\max},l_{\max}} \end{pmatrix} \begin{pmatrix} u_1 \\ u_2 \\ \cdot \\ \cdot \\ u_{l_{\max}} \end{pmatrix} = \begin{pmatrix} f_1 \\ f_2 \\ \cdot \\ \cdot \\ f_{l_{\max}} \end{pmatrix}.$$

Beim zugehörigen Block-Gauß-Seidel-Verfahren (94) treten für $it = 0, 1, 2, \ldots,$ dann die Teilprobleme

$$(155) \qquad L_{l,l}u_l^{it+1} = r_l^{it} \quad \text{mit} \quad r_l^{it} := f_l - \sum_{i=l+1}^{l_{\max}} L_{l,i}u_i^{it} - \sum_{i=1}^{l-1} L_{l,i}u_i^{it+1}$$

sukzessive auf den einzelnen Leveln $l = 1, \ldots, l_{\max}$ auf. Die erste Summe der rechten Seite gibt dabei den von feineren Leveln, die zweite Summe den von gröberen Leveln herrührenden Beitrag des Residuums auf dem Level l wieder.

Natürlich wollen wir diese Teilprobleme nicht exakt lösen, denn dies ist im allgemeinen viel zu aufwendig. Etwa im einfachen Fall uniformer Gitterverfeinerung mit $V_M = V_{l_{\max}}$ ist $L_{l_{\max},l_{\max}}$ gerade gleich L^{B_M}. Statt dessen ersetzen wir die exakte Lösung von (155) durch einen oder mehrere Schritte eines Iterationsverfahrens. Wenn wir hierbei einen Schritt des Gauß-Seidel-Verfahrens benutzen, erhalten wir gerade das einfache Gauß-Seidel-Verfahren (82) für das semidefinite System in levelweiser Durchlaufreihenfolge zurück. Mit der Blockdurchlaufreihenfolge $l = l_{\max}, \ldots, 1, \ldots, l_{\max}$ erhalten wir das symmetrische Gauß-Seidel-Verfahren. Aber auch andere Iterationstypen lassen sich je nach Blockdurchlaufreihenfolge, Schrittzahl und auf den einzelnen Leveln verwendetem Iterationsverfahren konstruieren.

Im folgenden gehen wir zunächst vom einfachen Fall uniformer Gitterverfeinerung mit $V_M = V_{l_{\max}}$ aus. Dann gilt aufgrund des Ritz-Galerkin-Ansatzes die Beziehung

$$(156) \qquad L_{i,j} = R^i_{l_{\max}} L_{l_{\max},l_{\max}} P^{l_{\max}}_j,$$

und wir erhalten

$$(157) \qquad L_{l,i} = \begin{cases} L_{l,l} \cdot P_i^l & \text{mit} \quad P_i^l = \prod_{j=i}^{l-1} P_{l-1+i-j}^{l+i-j} \quad \text{für} \quad i < l, \\ R_i^l \cdot L_{i,i} & \text{mit} \quad R_i^l = \prod_{j=l}^{i-1} R_{j+1}^j \quad \text{für} \quad i > l, \end{cases}$$

wobei P_j^{j+1} die Matrix des Interpolationsoperators von V_j nach V_{j+1} ist und $R_{j+1}^j := (P_j^{j+1})^T$ die Matrix des adjungierten Restriktionsoperators bezeichnet. Dann wird aus dem Residuum (155) des Levels l

$$r_l^{it} = f_l - \sum_{i=l+1}^{l_{\max}} R_i^l L_{i,i} u_i^{it} - L_{l,l} \sum_{i=1}^{l-1} P_i^l u_i^{it+1}. \tag{158}$$

Mit der expliziten Einführung der Vektoren $c^{E_M} = (c_1^T, \ldots, c_{l_{\max}}^T)^T$ und $d^{E_M} = (d_1^T, \ldots, d_{l_{\max}}^T)^T$ mit den Komponenten

$$\begin{aligned} d_l &= \sum_{i=l+1}^{l_{\max}} R_i^l L_{i,i} u_i^{it} \quad \text{für } l < l_{\max}, \quad d_{l_{\max}} = 0, \\ c_l &= \sum_{i=1}^{l-1} P_i^l u_i^{it+1} \quad \text{für } l > 1, \quad c_1 = 0, \end{aligned} \tag{159}$$

erhalten wir schließlich auf dem Level l die Gleichung

$$L_{l,l} u_l^{it+1} = f_l - d_l - L_{l,l} c_l. \tag{160}$$

Eine praktikable Realisierung des levelweisen Block-Gauß-Seidel-Verfahrens mit innerem Iterationsverfahren ist nun durch ein Nachführen der jeweils aktuellen Werte von c^{E_M} und d^{E_M} in einer Art *Reißverschlußverfahren* möglich. Dabei wird der überhöhte Aufwand einer naiven Realisierung vermieden, bei der die Residuen jedes Levels explizit berechnet werden müßten.

Angenommen, wir befinden uns auf dem Level l und haben durch einen oder mehrere Schritte eines geeigneten inneren Iterationsverfahrens neue Werte u_l^{neu} erhalten. Wir schließen bei der Wahl der Durchlaufreihenfolge aus, daß beliebig zwischen den einzelnen Leveln hin- und hergesprungen werden kann, lassen also als nachfolgenden Level lediglich den Level $l+1$ für $l < l_{\max}$ oder den Level $l-1$ für $l > 1$ zu. Ist der Level $l-1$ der nächste Level, dann ist c_{l-1} schon bekannt. Es ist nicht von u_l^{neu} abhängig und kann unverändert benutzt werden. Jedoch wird d_{l-1} von den neuen Werten u_l^{neu} beeinflußt und muß mit

$$d_{l-1} = R_l^{l-1}(d_l + L_{l,l} u_l^{neu}) \tag{161}$$

aktualisiert werden.

Im Fall des Übergangs zum Level $l+1$ ist hingegen d_{l+1} nicht von u_l^{neu} abhängig und kann unverändert benutzt werden. Jetzt jedoch muß c_{l+1} mit

$$c_{l+1} = P_l^{l+1}(c_l + u_l^{neu}) \tag{162}$$

nachgeführt werden.

Zu Beginn des Iterationsverfahrens müssen natürlich c^{E_M} und d^{E_M} einmalig berechnet werden. Bei geeigneter Wahl des Startvektors $u^{E_M,0}$ fällt jedoch dabei keine oder nur geringfügige Arbeit an. Etwa für $u^{E_M,0} = 0$ ergeben sich direkt $c^{E_M} = 0$ und $d^{E_M} = 0$. Weiterhin muß darauf geachtet werden, daß die Werte von c^{E_M} und d^{E_M} nach jedem Iterationsschritt in einem konsistenten Zustand sind. Dies ist beim symmetrischen Block-Gauß-Seidel-Verfahren automatisch erfüllt. Beim einfachen Block-Gauß-Seidel-Verfahren jedoch ist ein Durchlauf durch die Level in umgekehrter Reihenfolge ohne Iterationen über den Teilproblemen notwendig, um die jeweiligen Werte von c^{E_M} und d^{E_M} nachzuführen.

Wir erhalten den folgenden Algorithmus:

Levelweises Gauß-Seidel-Reißverschlußverfahren

$u^{E_M,0} = 0$, $c^{E_M,0} = 0$, $d^{E_M,0} = 0$;
for $it = 0, 1, 2, ...$
  for $l = 1..l_{\max}$
    Setze $r_l := f_l - d_l - L_{l,l}c_l$.
    Iteriere $1\times$ mit Gauß-Seidel über $L_{l,l}u_l^{it} = r_l$; erhalte u_l^{it+1}.
    if $l < l_{\max}$ **then** Setze $c_{l+1} := P_l^{l+1}(c_l + u_l^{it+1})$.
  for $l = l_{\max}..2$
    Setze $d_{l-1} = R_l^{l-1}(d_l + L_{l,l}u_l^{it+1})$.

Ein Algorithmus mit inverser Durchlaufreihenfolge durch die Level, d.h. $l = l_{\max}, \ldots, 1$, oder das symmetrische Gauß-Seidel-Verfahren lassen sich daraus leicht ableiten. Die Werte $f_l, l < l_{\max}$ können rekursiv aus $f_{l_{\max}}$ durch $f_{l-1} = R_l^{l-1} f_l$, $l = l_{\max}, \ldots, 2$ bestimmt werden.

Auch im Fall adaptiv verfeinerter Gitter können wir das prinzipiell gleiche Vorgehen beibehalten. Es gelten entsprechend modifizierte, zu (157) analoge Gesetze für Teilblöcke der jeweiligen Matrizen mit zugehörigen lokalen Restriktionen und lokalen Prolongationen.

Insgesamt ist es damit möglich, einen Iterationsschritt des levelweisen Block-Gauß-Seidel-Verfahrens mit inneren Iterationen über dem semidefiniten System so zu implementieren, daß $\mathcal{O}(n^{E_M})$ Rechenoperationen benötigt werden.

Dieses Reißverschlußverfahren ist ein generelles Prinzip für allgemeine Block-Gauß-Seidel-Iterationen, das sich in modifizierter Form auch später bei der effizienten Implementierung der sogenannten Punktblock-Methoden anwenden läßt. Voraussetzung dazu ist ein Zusammenhang der einzelnen Blockmatrizen analog zu (157). Man beachte, daß ein ähnliches Prinzip (zusätzlicher Speicheraufwand für einen Hilfsvektor erlaubt die mehrfache Verwendung von Zwischenergebnissen ohne deren jeweilige Neuberechnung) bereits von Niethammer [87], [88] bei der effizienten Implementierung des SSOR-Verfahrens und der parallelen Realisierung des SOR-Verfahrens angewandt wurde.

5.2 Gauß-Seidel-Iteration und Mehrgitterverfahren

Nun demonstrieren wir, daß das levelweise Block-Gauß-Seidel Verfahren mit inneren Iterationen für das semidefinite System äquivalent zu einer Mehrgittermethode für das Standardsystem ist, bei der die Grobgittermatrizen durch den *Galerkin*-Ansatz aus den Feingittermatrizen entstehen. Die Prolongationsoperatoren entsprechen dabei der Interpolation mittels der Finite-Elemente-Basisfunktionen des jeweiligen Levels, und die Restriktionsoperatoren sind die dazu Transponierten.

Wiederum gehen wir vom einfachen Fall uniformer Gitterverfeinerung mit $V_M = V_{l_{\max}}$ aus. Zunächst legen wir die folgende Ausgangssituation zugrunde: Es sei der aktuelle Iterationsvektor nach einer Glättungsiteration auf dem Level l von der Gestalt

$$(163) \qquad \left(0^T \; \ldots \; 0^T \; u_l^{it+1^T} \; u_{l+1}^{it}{}^T \; u_{l+2}^{it}{}^T \; \ldots \; u_{l_{\max}}^{it}{}^T \right)^T$$

und es gelte deswegen $c_j = 0, j = 1, \ldots, l$.

Beim Übergang vom Level l zum Level $l+1$ ist dann der Teilvektor c_{l+1} gemäß (162) als $c_{l+1} = P_l^{l+1} u_l^{it+1}$ zu berechnen. Nun bringen wir für das Blocksystem (160) auf Level $l+1$ den Term $L_{l+1,l+1} c_{l+1}$ auf die linke Seite und erhalten

$$(164) \qquad L_{l+1,l+1}(u_{l+1}^{it} + P_l^{l+1} u_l^{it+1}) = f_{l+1} - d_{l+1}.$$

Mit anderen Worten, wir setzen in einem Zwischenschritt beim Übergang vom Level l zum Level $l+1$

$$(165) \qquad u_{l+1}^{neu} := u_{l+1}^{it} + P_l^{l+1} u_l^{it+1}, \quad u_l^{it+1} := 0,$$

wodurch die Vorbedingung (163) nun auf dem Level $l+1$ erfüllt ist. Dies führt gerade zum wohlbekannten Korrekturschema der Mehrgittermethode [25]. Dabei ist (165) der Korrekturschritt des Korrekturschemas, der beim Übergang von Level l zum Level $l+1$ auszuführen ist.

Geht man statt dessen für (163) vom Level l zum Level $l-1$ über, dann ist wegen $f_{l-1} = R_l^{l-1} f_l$, $d_{l-1} = R_l^{l-1}(d_l + L_{l,l} u_l^{it+1})$ und $c_{l-1} = 0$ die rechte Seite des auf dem Level $l-1$ entstehenden Systems (160) äquivalent zur rechten Seite der Grobgittergleichung des Korrekturschemas. Das Korrekturschema der Mehrgittermethode ist also eine spezielle, besonders effiziente Implementierung des levelweisen Block-Gauß-Seidel-Verfahrens, bei dem die zu c^{E_M} gehörigen Terme *implizit* auf der linken Seite des Systems mitgeführt werden, indem sie im Korrekturschritt der jeweiligen Komponente der Iterierten der Lösung zugeschlagen werden. Auf den groben Gittern werden dann Korrekturen für die Feingittergleichungen berechnet. Das innere Iterationsverfahren entspricht dabei genau dem Glättungsoperator in der Mehrgittermethode.

Zur weiteren Erläuterung dieses Vorgehens erinnern wir uns an die sich durch die Verwendung des Erzeugendensystems ergebende Nicht-Eindeutigkeit der Darstellung u^{E_M} einer Funktion $u \in V_M$. Wie schon in Abschnitt 2.2 erläutert wurde, kann zu einem Vektor u^{E_M} ein Vektor $v^{E_M} \in Kern(S^{EB_M})$ ohne Einfluß auf die Darstellung bezüglich B_M addiert werden. Man vergleiche auch (33). In unserem Block-Gauß-Seidel-Verfahren können wir deswegen beim Übergang von Level l zum Level $l+1$ den Vektor

$$(166) \qquad \begin{pmatrix} 0^T & \ldots & 0^T & (-u_l^{it+1})^T & (P_l^{l+1} u_l^{it+1})^T & 0^T & \ldots & 0^T \end{pmatrix}^T$$

auf den aktuellen Vektor $u^{E_M,it}$ aufaddieren, denn es ist klar, daß dieser Vektor aus dem Kern von S^{EB_M} ist. Durch diesen Korrekturschritt werden die Komponenten des aktuellen Iterationsvektors auf den gröberen Gittern zu Null gemacht und auf dem jeweiligen Level $l+1$ eine Lösungsapproximation (165) erzeugt. Dies ist für das Block-Gauß-Seidel-Schema nicht notwendig, da es direkt mit der nicht-eindeutigen Darstellung arbeitet, die auf dem Erzeugendensystem basiert. Grobgitterkorrekturen können also, wie in (162) demonstriert, genauso in den Komponenten von c^{E_M} auf der rechten Seite mitgeführt werden. Somit ist der einzige Unterschied zwischen dem levelweisen Block-Gauß-Seidel-Verfahren mit inneren Iterationen und dem Korrekturschema der Mehrgittermethode, bei dem diese inneren Iterationen gerade als Glätter verwendet werden, die jeweils verwendete Darstellungsart der Iterierten.

In unserem Block-Gauß-Seidel-Verfahren können wir neben (166) zudem auch andere Vektoren aus $Kern(S^{EB_M})$ auf den aktuellen Iterationsvektor $u^{E_M,it}$ aufaddieren. Fügen wir beispielsweise zusätzlich zum Korrekturschritt (166) für den Übergang von Level l nach Level $l+1$ auch für den Übergang vom

Level l zum Level $l-1$ die Addition des Vektors

$$(167)\quad \begin{pmatrix} 0^T & . & . & 0^T & (R_l^{l-1}u_l^{it+1})^T & (-P_{l-1}^l R_l^{l-1}u_l^{it+1})^T & 0^T & . & . & . & . & 0^T \end{pmatrix}^T$$

ein, dann wird nun in (161) ein modifiziertes $\tilde{d}^{l-1}$ berechnet als

$$\begin{aligned} \tilde{d}^{l-1} &= R_l^{l-1}(d_l + L_{l,l}(u_l^{it+1} - P_{l-1}^l R_l^{l-1}u_l^{it+1})) \\ &= R_l^{l-1}(d_l + L_{l,l}u_l^{it+1}) - R_l^{l-1}L_{l,l}P_{l-1}^l R_l^{l-1}u_l^{it+1} \\ &= d_{l-1} - L_{l-1,l-1}R_l^{l-1}u_l^{it+1}. \end{aligned}$$

Damit ergibt sich mit $u_{l-1} := R_l^{l-1}u_l^{it+1}$ und wegen $c_{l-1} = 0$ auf dem Level $l-1$ gemäß (160) die Grobgittergleichung

$$(168)\qquad L_{l-1,l-1}u_{l-1} = f_{l-1} - d_{l-1} + L_{l-1,l-1}R_l^{l-1}u_l^{it+1}.$$

Wird sie relaxiert, dann sind in u_{l-1} die neuen Werte u_{l-1}^{it+1} gespeichert. Beim Übergang von Level $l-1$ zum Level l erhalten wir deswegen im Korrekturschritt

$$(169)\qquad u_l^{neu} = (u_l^{it+1} - P_{l-1}^l R_l^{l-1}u_l^{it+1}) + P_{l-1}^l(u_{l-1}^{it+1}), \quad u_{l-1}^{it+1} = 0.$$

Somit entstehen genau die gleichen Gleichungen wie im wohlbekannten FAS-Mehrgitterschema [25] beziehungsweise im sogenannten HT-Schema [38]. Jetzt wird auf jedem Level eine Approximation der jeweiligen Lösungsiterierten und nicht mehr lediglich ein Korrekturterm gebildet.

Der V-Zyklus des Mehrgitterverfahrens mit einem Vor- und einem inversen Nachglättungsschritt mittels des Gauß-Seidel-Verfahrens ist dann äquivalent zu zwei Gauß-Seidel-Iterationen für das semidefinite System, wobei der zweite Schritt in umgekehrter Reihenfolge ausgeführt wird. Dies ist gerade das bekannte Aitken-Doppelschrittverfahren beziehungsweise die symmetrische Gauß-Seidel-Methode (SGS). Mehrfache Vor- und Nachglättungsiterationen lassen sich nun durch Blockiterationen für das semidefinite System mit mehrfachen inneren Iterationen modellieren. Natürlich können auch andere Glätter, beispielsweise Zebra-Verfahren oder ILU, in der inneren Iteration eingesetzt werden. Weiterhin kann die äußere Blockiteration so angeordnet werden, daß auch andere MG-Zyklusstrategien wie etwa der W-Zyklus implementiert werden.

Die Gauß-Seidel- oder SGS-Iteration kann als eine Methode zur Minimierung des Energiefunktionals gesehen werden, wobei die Suchrichtungen gerade durch die Einheitsvektoren gegeben sind. Mit der Verwendung des Erzeugendensystems können wir die Unbekannten der Grobgittergleichungen der Mehrgittermethode als *zusätzliche* Richtungen interpretieren, die mittels $(S^{EB_M})^T$ als

Linearkombination der zum feinen Gitter gehörigen Einheitsvektoren gegeben sind. Die Grobgitterkorrektur erlaubt nun zusätzliche Suchrichtungen für die Minimierung der Energie, die das Mehrgitterverfahren schnell konvergieren lassen. In diesem Sinn sind unsere Methode und McCormicks Unigrid und PML (Multilevel-Projektionsmethode) verwandt, siehe McCormick [76], [77].

Schließlich ist es leicht zu sehen, daß auch die Hierarchische-Basis-Mehrgittermethode (HB-MG) von Bank, Dupont und Yserentant [8] im erweiterten System interpretiert werden kann: Die Iteration der Unbekannten von $u_l, l = l_{\max}, \ldots, 2$, die zu Funktionen $E_M \cap B_l$ gehören, deren Zentrumspunkt der gleiche ist wie bei einer der Funktionen aus $E_M \cap B_j$, $j = l-1, \ldots, 1$, wird einfach ausgelassen, und die entsprechenden Werte werden festgehalten.

Im Fall adaptiver Verfeinerung läßt sich das levelweise Block-Gauß-Seidel-Verfahren mit innerer Iteration als adaptives Mehrgitterverfahren interpretieren, bei dem die zu Bereichen mit lokaler Verfeinerung gehörigen Grobgittermatrizenanteile mittels der Galerkin-Vergröberung aus den jeweiligen lokalen Feingittermatrizen gebildet sind. Da wir das Erzeugendensystem verwenden, ist eine direkte und natürliche Erweiterung des Gauß-Seidel-Verfahrens auf den adaptiven Fall möglich, ohne daß Modifikationen (z.B. Umschalten zu FAS) notwendig sind, wie sie bei konventionellen Mehrgitterverfahren gemacht werden müssen.

Die Multigrid-Löser verschiedener adaptiver Codes wie MLAT [23], [4], PLTMG [7], FAC [78], UG [9] oder MGGHAT [81] sind gerade geschickte Implementierungen des levelweisen Block-Gauß-Seidel-Verfahrens über dem zugehörigen semidefiniten System. Im Erzeugendensystem ist die Realisierung lokaler Prolongations- und Restriktionsoperatoren in natürlicher Weise über die Finite-Elemente-Basisfunktionen der einzelnen Level gegeben und führt automatisch zu einer energetisch korrekten Verknüpfung der jeweiligen Werte der verschiedenen Level. Insbesondere wirft die richtige Behandlung der Punkte auf inneren Rändern, die Gebiete mit verschiedenen Gitterweiten trennen, keinerlei Probleme mehr auf. Gerade soche Gitterpunkte spielen in adaptiven MG-Verfahren eine Sonderrolle und müssen richtig behandelt werden, was üblicherweise durch Randbordüren, Geisterpunkte oder spezielle Sterne an diesen Stellen geschieht. Energetisch inkorrekte Transporte an lokalen Rändern, wie sie früher insbesondere beim MLAT-Verfahren zu Schwierigkeiten geführt haben, können nicht auftreten.

5.3 Konvergenzbetrachtungen

Im vorigen Abschnitt haben wir gesehen, wie levelweise Block-Gauß-Seidel-Verfahren mit innerer Iteration effizient implementiert werden können, so daß pro Iterationsschritt $\mathcal{O}(n^{E_M})$ Rechenoperationen benötigt werden. Nun betrachten wir die Konvergenzrate dieser Verfahren. Dazu kehren wir zu der im Abschnitt 3.3 vorgestellten Konvergenztheorie zurück. Dort wurde in (116) die Konvergenzrate eines beliebigen Block-Gauß-Seidel-Verfahrens mit Hilfe der Terme $K_0 = \tilde{\lambda}_{\min}^{(L^{E_M},\tilde{\mathcal{D}}^{E_M})}$, K_1 und ω abgeschätzt.

Das normale Gauß-Seidel-Verfahren ist nun das triviale Block-Gauß-Seidel-Verfahren mit der feinstmöglichen Partitionierung $|E_M, j| = 1, J = n^{E_M}$. Deswegen gilt $\tilde{\mathcal{D}}^{E_M} = D^{E_M}$, und in jedem trivialen Block erhalten wir mit dem Gauß-Seidel-Relaxationsschritt einen exakten Löser. Damit ist $\omega = 1$. Mit (116) ergibt sich somit die Abschätzung

$$\rho^{GS} \leq \sqrt{1 - \frac{K_0}{(1+K_1)^2}}. \tag{170}$$

Bereits in Abschnitt 4.3 haben wir gezeigt, daß sowohl im Fall uniformer als auch im Fall adaptiver Verfeinerung die Abschätzung

$$0 < c_0 \leq \tilde{\lambda}_{\min}^{(L^{E_M},D^{E_M})} \leq \lambda_{\max}^{(L^{E_M},D^{E_M})} \leq c_1 \tag{171}$$

mit positiven Konstanten c_0, c_1 gilt, so daß $\tilde{\kappa}(L^{E_M}, D^{E_M}) = \mathcal{O}(1)$. Weiterhin kann $K_1 = |||(D^{E_M})^{-1/2} F^{E_M} (D^{E_M})^{-1/2}|||_2$ durch $\tilde{K}_1 = \rho(\Theta_{D^{E_M}})$ abgeschätzt werden. Für unseren Fall der feinstmöglichen Partitionierung gilt $\Theta_{D^{E_M}} = |(D^{E_M})^{-1/2} L^{E_M} (D^{E_M})^{-1/2}|$, wobei $|.|$ die elementweise Absolutwertbildung der Einträge einer Matrix bezeichne. In Zhang [131] wird nun demonstriert, wie $\tilde{K}_1$ mittels der Cauchy-Schwarz'schen Ungleichung und unter Zuhilfenahme der Beziehung (121) durch eine Konstante

$$K_1 \leq \tilde{K}_1 \leq \tilde{c}_1 \tag{172}$$

abgeschätzt werden kann. Dazu wird $\Theta_{D^{E_M}}$ zunächst analog zu (154) levelweise partitioniert. Wir erhalten dann eine $(l_{\max}, l_{\max})$-Blockmatrix mit den Teilmatrizen $\Theta_{l_1,l_2}, l_1, l_2 = 1, \ldots l_{\max}$, d.h.

$$\Theta_{D^{E_M}} = \{\Theta_{l_1,l_2}\}_{1 \leq l_1, l_2 \leq l_{\max}}. \tag{173}$$

Ersetzen wir nun die Teilmatrizen Θ_{l_1,l_2} durch ihre $|||.|||_2$-Normen, erhalten wir eine neue $(l_{\max}, l_{\max})$-Matrix

$$\tilde{\Theta} = \{|||\Theta_{l_1,l_2}|||_2\}_{1 \leq l_1, l_2 \leq l_{\max}}. \tag{174}$$

Mit (121) gilt dann

$$\tilde{K}_1 = \rho(\Theta_{D^{E_M}}) = |||\Theta_{D^{E_M}}|||_2 \leq |||\tilde{\Theta}|||_2. \tag{175}$$

Da $\tilde{\Theta}$ symmetrisch ist, haben wir direkt $|||\tilde{\Theta}|||_2 \leq |||\tilde{\Theta}|||_1$. Mit der Definition der $|||.|||_1$-Norm und der Beziehung

$$|||\Theta_{l_1,l_2}|||_2 \leq C\sqrt{\gamma}^{|l_1-l_2-1|}, \quad \gamma \approx h_{l+1}/h_l = 1/2 \tag{176}$$

(für Details, vergleiche Lemma 3.2. und Lemma 3.4 in [131]) folgt schließlich

$$|||\tilde{\Theta}|||_1 \leq C\frac{1}{1-\sqrt{\gamma}} \leq \tilde{c}_1. \tag{177}$$

Damit ist gezeigt, daß die Konvergenzrate des Gauß-Seidel-Verfahrens über dem semidefiniten System mit

$$\rho^{GS} \leq \sqrt{1 - \frac{c_0}{(1+\tilde{c}_1)^2}} \tag{178}$$

unabhängig von $l_{\max}$ oder n^{E_M} abgeschätzt werden kann. Diese Aussage gilt generell für jede beliebige Durchlaufreihenfolge durch die Unbekannten des semidefiniten Systems. Damit gilt sie also auch für die levelweise Durchlaufreihenfolge, die einem Mehrgitter-V-Zyklus mit einem Vor- oder einem Nachglättungsschritt mittels Gauß-Seidel bei beliebiger Durchlaufreihenfolge auf jedem Level (lexikographisch, "red-black", Vierfarb) entspricht. Ohne den Nachweis von (172) würden wir mit (171) und (122) nur die suboptimale Abschätzung (123) erhalten.

Da nun die symmetrische Gauß-Seidel-Iteration der Hintereinanderausführung zweier Gauß-Seidel-Schritte mit jeweils umgekehrter Durchlaufreihenfolge entspricht und wir für die Konvergenzrate des einfachen Gauß-Seidel-Verfahrens für jede Durchlaufreihenfolge bereits die Abschätzung (178) gezeigt haben, gilt für das symmetrische Gauß-Seidel-Verfahren über dem semidefiniten System

$$\rho^{SGS} \leq \left(\sqrt{1 - \frac{c_0}{(1+\tilde{c}_1)^2}}\right)^2 = 1 - \frac{c_0}{(1+\tilde{c}_1)^2}. \tag{179}$$

Damit haben wir gesehen, daß ein Mehrgitter-V-Zyklus mit einer Gauß-Seidel-Iteration im Vor- und Nachglättungsschritt unabhängig von $l_{\max}$ und n^{E_M} konvergiert. Voraussetzungen an die Regularität des Problems wurden dabei nirgends gemacht.

Dies gilt interessanterweise nicht nur für den Fall uniformer Gitterverfeinerung, sondern auch für den Fall adaptiv verfeinerter Gitter, bei dem durch die Adaption eine Sequenz von Räumen $\tilde{V}_1 \subset \tilde{V}_2 \subset \ldots \subset \tilde{V}_{l_{\max}}$ entsteht, wobei grobe Gitter die Gebiete mit feinerer Gitterstruktur überdecken. Denn auch in diesem Fall lassen sich mit den Argumenten in Dahmen und Kunoth [31] Abschätzungen wie (171) gewinnen. Weiterhin kann Zhangs Analyse [131] ohne Schwierigkeiten auf den Fall adaptiv verfeinerter Gitter übertragen werden. Dazu benutzen wir, daß das zugehörige E_M in einem umfassenden $E_{l_{\max}}$ eingebettet ist. Dann ergeben sich sofort Abschätzungen wie (172).

Nochmals wollen wir darauf hinweisen, daß mit der hierbei verwendeten Konvergenztheorie nur qualitative Aussagen möglich sind. In der Praxis konvergiert etwa die symmetrische Block-Gauß-Seidel-Iteration mit mehrfachen inneren Iterationen, also der Mehrgitter-V-Zyklus mit mehreren Vor- und Nachglättungsschritten, schneller als die einfache symmetrische Gauß-Seidel-Iteration, das heißt, der Mehrgitter-V-Zyklus mit nur einer Vor- oder Nachglättung. Dieses Verhalten wird jedoch in unseren Abschätzungen nicht erfaßt.

Die Unschärfe unserer Abschätzungen kann aber auch ein Vorteil sein. Da *jede* Durchlaufreihenfolge durch das semidefinite System zu prinzipiell gleichen Abschätzungen führt, lassen sich auch andere Durchlaufreihenfolgen betrachten, die die starre levelweise Sicht durchbrechen, welche den Mehrgitterverfahren zugrunde liegt. Dies führt beispielsweise zu den punkt- und gebietsorientierten Methoden, die wir im folgenden studieren werden.

6 Punktweise Gauß-Seidel-Iteration für das semidefinite System

Nun betrachten wir das semidefinite System aus einem neuen Blickwinkel. Dazu gruppieren wir alle Unbekannten zusammen, die zum gleichen Gitterpunkt gehören. Dies führt zu einer punktorientierten Partitionierung des semidefiniten Systems. Wir erhalten damit ein sogenanntes Punktblock-Iterationsverfahren [41]. Dabei durchläuft eine äußere Iteration die Menge aller Feingitterpunkte. Das lokale System, das zu all den Basisfunktionen verschiedener Level gehört, die im gleichen Punkt zentriert sind, läßt sich entweder direkt oder durch eine innere Iteration lösen, die über alle Level läuft, die zum jeweils betrachteten Punkt gehören. Weiterhin lassen sich auch mehrere Gitterpunkte zusammenfassen, die zu Teilgebieten von Ω gehören. Dadurch erhalten wir eine Art einfacher Gebietszerlegungsmethode, die mit Mehrgitterverfahren vergleichbare Konvergenzeigenschaften besitzt.

Im Gegensatz zur Parallelisierung von Multilevelmethoden, bei denen ja Kommunikation auf allen Leveln stattfinden muß, um gute Konvergenzraten zu erzielen, benötigt unser punktorientierter Ansatz aufgrund seiner Gebietszerlegungseigenschaften wesentlich weniger Kommunikationsschritte.

6.1 Punktorientierte Partitionierung des semidefiniten Systems

Neben der den bisherigen Überlegungen zugrunde liegenden levelweisen Zerlegung $\mathcal{H}_0^1 = \overline{V_\infty}$ mit $V_\infty = \sum_{l=1}^{\infty} \sum_{i=1}^{n_l} V_{l,i}$ des Sobolevraums $\mathcal{H}_0^1$ (vergleiche (12)) kann man auch eine punkt-, d.h. *ortsbezogene* Zerlegung von $\mathcal{H}_0^1$ angeben als

(180) $$V_\infty = \sum_{x_i \in N_\infty} V_{.,i} = \sum_{x_i \in N_\infty} \sum_{l: x_i \in N_l} V_{l,i}$$

mit den unendlichdimensionalen Teilräumen

(181) $$V_{.,i} = \sum_{l: x_i \in N_l} V_{l,i},$$

die einem Punkt x_i der Menge $N_\infty := \bigcup_{l=1}^{\infty} N_l$ zugeordnet sind. Diese Punkte lassen sich durch fortgesetzte Bisektion von Ω bezüglich jeder Dimension erreichen. Im Vergleich zur levelweisen Zerlegung (12) ist gerade die Reihenfolge der

Summation vertauscht. Die ortsbezogene Zerlegung (180) läßt sich levelartig weiter untergliedern als

$$V_\infty = \sum_{l=1}^{\infty} \sum_{x_i \in N_l / N_{l-1}} \sum_{L: x_i \in N_L} V_{L,i}. \tag{182}$$

Gerade dieser ortsbezogene Zugang bei der Zerlegung des Raums wird uns nun zu einer neuen Sicht der Dinge und infolgedessen zu neuen Iterationsverfahren führen. Dazu legen wir analog zu (180) jetzt eine punktorientierte Anordnung der Funktionen des Erzeugendensystems E_M zugrunde. Man beachte nochmals, daß E_M endlich ist, da wir uns ja auf endlichdimensionale Teilräume V_M des Sobolevraums $\mathcal{H}_0^1$ beschränkt haben. Wir bezeichnen die zu E_M gehörige Menge von Gitterpunkten mit

$$\mathcal{N}^{E_M} := \{x \in \mathbb{R}^d : \exists \phi \in E_M : \phi(x) = 1\}. \tag{183}$$

Weiterhin gehen wir von einer später noch genauer zu wählenden Anordnung

$$x_1, x_2, x_3, \ldots, x_p \tag{184}$$

der Punkte aus $\mathcal{N}^{E_M}$ aus. Die Anzahl aller dieser Punkte bezeichnen wir dabei mit $p := |\mathcal{N}^{E_M}|$. Jetzt ordnen wir jedem $x_j \in \mathcal{N}^{E_M}$ mit

$$P_{x_j} := \{\phi \in E_M, \phi(x_j) = 1\} \tag{185}$$

die Menge der Funktionen aus E_M zu, die in x_j zentriert sind und zerlegen das Erzeugendensystem E_M in die zugehörige Sequenz von Mengen

$$\mathcal{E}_M^{punkt} := (E_{M,j})_{1 \le j \le p} \quad \text{mit} \quad E_{M,j} = P_{x_j}. \tag{186}$$

Das semidefinite System $L^{E_M} u^{E_M} = f^{E_M}$ partitionieren wir analog und erhalten das Blocksystem

$$\begin{pmatrix} L_{1,1} & L_{1,2} & . & . & L_{1,p} \\ L_{2,1} & L_{2,2} & . & . & L_{2,p} \\ . & . & . & . & . \\ . & . & . & . & . \\ L_{p,1} & L_{p,2} & . & . & L_{p,p} \end{pmatrix} \begin{pmatrix} u_1 \\ u_2 \\ . \\ . \\ u_p \end{pmatrix} = \begin{pmatrix} f_1 \\ f_2 \\ . \\ . \\ f_p \end{pmatrix}. \tag{187}$$

Beim resultierenden Block-Gauß-Seidel-Verfahren (94) wird nun

$$\mathcal{D}^{E_M} = diag(L_{j,j}), \quad (\mathcal{F}^{E_M})_{i,j} = L_{i,j}, \quad i < j, \tag{188}$$

gesetzt. Da jedes P_{x_j} eine Menge linear unabhängiger Funktionen darstellt, ist es leicht zu sehen, daß $\mathcal{D}^{E_M}$ und $\mathcal{D}^{E_M} + \mathcal{F}^{E_M}$ invertierbar sind. Im Block-Gauß-Seidel-Verfahren laufen wir also durch die Menge $\mathcal{N}^{E_M}$ von Gitterpunkten und relaxieren gleichzeitig diejenigen Unbekannten, die zum gleichen Gitterpunkt gehören. Dann treten für $it = 0, 1, 2, \ldots,$ die Teilprobleme

$$(189) \qquad L_{j,j} u_j^{it+1} = r_j^{it} \quad \text{mit} \quad r_j^{it} := f_j - \sum_{i=j+1}^{p} L_{j,i} u_i^{it} - \sum_{i=1}^{j-1} L_{j,i} u_i^{it+1}$$

sukzessive für die einzelnen Punkte $x_j, j = 1, \ldots, p$, auf. Die erste Summe der rechten Seite gibt dabei den von Punkten mit größerem Index, die zweite Summe den von Punkten mit kleinerem Index bezüglich der gewählten Punktreihenfolge herrührenden Beitrag zum Residuum im Punkt x_j wieder. Die Kopplung zwischen zwei zu x_{j_1} und x_{j_2} gehörigen Punktblöcken wird durch die entsprechende Teilmatrix von $\mathcal{F}^{E_M}$, also durch $a(\phi_{j_1}, \phi_{j_2})$, $\forall \phi_{j_1} \in P_{x_{j_1}}, \forall \phi_{j_2} \in P_{x_{j_2}}$, beschrieben. Es ist klar zu sehen, daß durch diese Kopplungen Information auf allen entsprechenden Leveln gleichzeitig ausgetauscht wird.

Die zum Punkt x_j gehörige $(|P_{x_j}|, |P_{x_j}|)$-Matrix $L_{j,j}$ ist für symmetrisches und elliptisches L symmetrisch, definit und im allgemeinen voll besiedelt. Zur Lösung von (189) kann deswegen ein direkter Löser wie etwa die Gauß-Elimination oder das Cholesky-Verfahren angewandt werden. Dazu benötigt man $\mathcal{O}(|P_{x_j}|^3)$ Rechenoperationen. Alternativ dazu kann auch ein iteratives Verfahren eingesetzt werden. Wie wir im nächsten Abschnitt zeigen werden, ist die Konditionszahl jeder Punkt-Matrix $L_{j,j}$ nach Skalierung von der Ordnung $\mathcal{O}(1)$, das heißt von $|P_{x_j}|$ unabhängig. Somit kann beispielsweise eine feste Zahl von Schritten der Methode des steilsten Abstiegs oder des Verfahrens der konjugierten Gradienten benutzt werden, um die Lösung bis auf eine vorgegebene Genauigkeit zu berechnen. Dann benötigen wir nur noch $\mathcal{O}(|P_{x_j}|^2)$ Rechenoperationen zur Lösung von (189). Gleiches gilt für das Gauß-Seidel-Verfahren. Auch hier kann gezeigt werden, daß seine Konvergenzrate von $|P_{x_j}|$ unabhängig ist.

Zudem ist es nicht notwendig, die exakte Lösung für jedes Punktproblem zu berechnen. Statt dessen sind wenige Iterationsschritte ausreichend. Im extremen Fall von nur einem Gauß-Seidel-Schritt für jedes Punktblock-Teilproblem erhalten wir insgesamt gerade das einfache Gauß-Seidel-Verfahren für das semidefinite System mit einer speziellen, punktorientierten Durchlaufordnung. Mit den Ausführungen in Abschnitt 5.3 ist klar, daß damit die Konvergenzrate des Gesamtverfahrens von n^{E_M} unabhängig ist. Dort war der Beweis der Konvergenzrate ja gerade nicht von der Durchlaufreihenfolge durch die Unbekannten abhängig.

In numerischen Experimenten zeigt sich, daß sich bei exakter Lösung der Punktblock-Teilprobleme die Konvergenzrate verbessert und sich die quantitativ gleichen Raten wie beim levelweisen Vorgehen mit innerer Gauß-Seidel-Iteration ergeben. Aus diesem Grund ist nicht nur die einfache Gauß-Seidel-Iteration über das semidefinite System in punktorientierter Reihenfolge, sondern auch die Block-Gauß-Seidel-Iteration interessant.

Beispielsweise für den zweidimensionalen Fall mit uniformer Verfeinerung ist die zu einem Punkt $x_j \in N_l \backslash N_{l-1}, l = 2, \ldots, l_{\max}$, gehörige Untermatrix $L_{j,j}$ von der Größe $l_{\max} - l + 1$. Die Zahl der erforderlichen Operationen, die nötig sind, um alle auftretenden Punktblock-Teilsysteme zu lösen, ist dann

$$C\frac{3}{4}n^{B_M}\left(1^\gamma + \frac{1}{4}2^\gamma + \frac{1}{16}3^\gamma + \frac{1}{64}4^\gamma + \ldots + \frac{1}{4^{l_{\max}-1}}l_{\max}^\gamma\right), \tag{190}$$

wobei $\gamma = 2$ für ein iteratives Verfahren und $\gamma = 3$ für die direkte Lösung mittels der Gauß-Elimination gilt. Insgesamt führt dies zu $\mathcal{O}(n^{E_M})$ benötigten Operationen für die exakte Lösung aller im Block-Gauß-Seidel-Verfahren auftretenden Probleme (189).

Schon in früheren Abschnitten haben wir festgestellt, daß die Matrix L^{E_M} nicht explizit aufgestellt werden soll, da sie relativ dicht besiedelt sein kann. Sowohl bei der Realisierung der Matrix-Vektormultiplikation für die Berechnung des Residuums als auch beim levelweisen Gauß-Seidel-Verfahren haben wir deswegen geeignet faktorisierte Darstellungen von L^{E_M} benutzt. Dies ist jetzt auch beim Punktblock-Gauß-Seidel-Verfahren notwendig. Die Nebendiagonalblöcke $L_{i,j}, i \neq j$, sollten nicht explizit assembliert werden, sondern ähnlich wie schon beim levelweisen Verfahren in (157) rekursiv definiert werden.

In der Praxis erlaubt deswegen nicht jede beliebige Durchlaufreihenfolge durch die Menge der Punktblöcke ohne weiteres eine Implementierung des Gesamtverfahrens mit $\mathcal{O}(n^{E_M})$ Rechenoperationen. Für bestimmte Durchlaufreihenfolgen, die sich analog zur weiteren Zerlegung (182) an eine zusätzliche levelweise Anordnung der Punktblöcke halten, ist dies jedoch möglich. Exemplarisch wollen wir hier nun den Fall betrachten, bei dem jedes Punktblock-Teilsystem nicht exakt gelöst wird, sondern nur mit einer Gauß-Seidel-Iteration relaxiert wird. Wir gehen dabei von einer Anordnung der Punkte aus, wie sie auch im Hierarchischen-Basis-Verfahren zur Anwendung kommt. Dazu definieren wir mit

$$\mathcal{N}_l^{E_M} = \{x : x \in \mathcal{N}^{E_M}, x \in N_l\} = N_l \cap \mathcal{N}^{E_M} \tag{191}$$

die Menge der Punkte aus $\mathcal{N}^{E_M}$, die zum Level l gehören. Weiterhin ordnen wir die Menge aller Punkte gemäß

$$\mathcal{N}_1^{E_M}, \mathcal{N}_2^{E_M} \backslash \mathcal{N}_1^{E_M}, \mathcal{N}_3^{E_M} \backslash \mathcal{N}_2^{E_M}, \ldots, \mathcal{N}_{l_{\max}}^{E_M} \backslash \mathcal{N}_{l_{\max}-1}^{E_M}. \tag{192}$$

Abhängig von der Anzahl d der Dimensionen kann jede Teilmenge $\mathcal{N}_l^{E_M} \backslash \mathcal{N}_{l-1}^{E_M}$, $l = 2, \ldots, l_{\max}$, weiter in $2^d - 1$ verschiedene Teilmengen aufgeteilt werden, so daß je zwei Funktionen aus jeder dieser Teilmengen a-orthogonal sind, da ihre Träger disjunkt sind. Etwa im zweidimensionalen Fall läßt sich also eine 3-Farb-Anordnung der Punkte aus $\mathcal{N}_l^{E_M} \backslash \mathcal{N}_{l-1}^{E_M}$ erreichen. Wir durchlaufen nun gemäß dieser Ordnung das semidefinite Blocksystem (187) und führen für jedes entstehende Punktblock-Teilsystem einen Gauß-Seidel-Iterationsschritt aus.

Dies läßt sich wie die levelweise Gauß-Seidel-Iteration (160) mit zusätzlichen Vektoren c^{E_M} und d^{E_M} für das Nachführen der Residuen realisieren, wobei jedoch die Relaxation der zu gröberen Leveln gehörigen Unbekannten weggelassen wird und zudem anstatt der einfachen Relaxation eines Freiheitsgrades jetzt eine Rekursion "in die Tiefe" stattfindet, bei der sukzessiv alle zum jeweiligen Punkt gehörigen Freiheitsgrade iteriert werden. Dabei werden lokal die jeweils notwendigen Werte in c^{E_M} und d^{E_M} aktualisiert. Dann müssen weder die jeweiligen Punktblock-Matrizen aus $\mathcal{D}^{E_M}$ noch die Kopplungsmatrizen aus $\mathcal{F}^{E_M}$ explizit aufgestellt werden, sondern lassen sich mit Hilfe der Prolongations- und Restiktionsoperatoren ausdrücken. Somit kann das levelweise Reißverschlußprinzip für die Nachführung der jeweiligen Residuenwerte beim Wechsel von einem Level zum nächsten beibehalten werden. Weiterhin läßt sich auch in analoger Weise die Tiefenrekursion ausführen, so daß insgesamt lediglich $\mathcal{O}(n^{E_M})$ Rechenoperationen benötigt werden. Die jeweiligen Tiefenrekursionen der Punkte gleicher Farbe auf einem Level lassen sich zudem parallel behandeln. Im Vergleich zum levelweisen Gauß-Seidel-Verfahren hat damit eine einfache Umsortierung der Durchlaufreihenfolge stattgefunden. Im Unterschied zum HB-MG-Verfahren von Bank, Dupont und Yserentant [8] wird eine Erweiterung durch die Tiefenrekursion vorgenommen, die jetzt die Unabhängigkeit der Konvergenzgeschwindigkeit von n^{E_M} bewirkt.

Wir erhalten den folgenden Algorithmus:

Punktweises Gauß-Seidel-Reißverschlußverfahren

$u^{E_M,0} = 0,\ c^{E_M,0} = 0,\ d^{E_M,0} = 0;$
for $it = 0, 1, 2, \ldots$
  for $l = 1..l_{\max}$
    for $(i,j) = (0,1), (1,0), (1,1)$
      for $t = l..l_{\max}$
        Setze $r_t := f_t - d_t - L_{t,t}c_t$.
        Iteriere über $\mathcal{N}_t^{i,j}$ gemäß $L_{t,t}u_t = r_t$
        und erhalte neue Werte für u_t in $\mathcal{N}_t^{i,j}$.
        if $t < l_{\max}$ **then** Setze $c_{t+1} := P_t^{t+1}(c_t + u_t)$.
      for $t = l_{\max}..l+1$
        Setze $d_{t-1} = R_t^{t-1}(d_t + L_{t,t}u_t)$.
  for $l = l_{\max}..2$
    Setze $d_{l-1} = R_l^{l-1}(d_l + L_{l,l}u_l^{it+1})$.

Dabei sind die Punktmengen $\mathcal{N}_l$ jeweils in die disjunkten Teilmengen $\mathcal{N}_l^{1,1}$, $\mathcal{N}_l^{1,0}$, $\mathcal{N}_l^{0,1}$, $\mathcal{N}_l^{0,0}$ aufgeteilt, wobei $\mathcal{N}_l^{i,j}$, $i,j \in \{0,1\}$, diejenige Teilmenge von $\mathcal{N}_l$ bezeichne, die zu einem Gitter mit der Maschenweite h_{l-1} gehört, das nun im Vergleich mit $\mathcal{N}_l$ in x-Richtung um ih_l und in y-Richtung um jh_l verschoben ist, vergleiche auch [56], Seite 80, Vierfarbennummerierung. Eine kurze Analyse zeigt, daß für den Fall uniformer Gitterverfeinerung der Aufwands dieses Algorithmus trotz der zusätzlichen inneren Schleifen noch proportional zur Zahl der Feingitterpunkte ist.

Neben diesem einfachen Zugang sind auch kompliziertere aber effizientere Realisierungen des punktorientierten Gauß-Seidel-Verfahrens möglich, bei denen jeweils bestimmte Residuenanteile von (189) analog zu (161) und (162) in geschickter Weise mitgeführt werden, so daß die Residuen der einzelnen Punktblöcke explizit gebildet werden. Dann läßt sich auch das Punktblock-Gauß-Seidel-Verfahren (mit exakter Lösung der Punktblock-Teilsysteme) so implementieren, daß insgesamt nur $\mathcal{O}(n^{E_M})$ Rechenoperationen benötigt werden. Grundidee ist dabei das rekursive Ausnutzen der linearen Abhängigkeit der Funktionen aus $B_{l-1} \cap E_M$ von denen aus $B_l \cap E_M$. Damit lassen sich die Residuen der jeweiligen Punktblock-Teilprobleme kostengünstig nachführen. Für Details sei auf Griebel und Zimmer [48] verwiesen. Aber auch hierbei ist nicht jede beliebige Durchlaufreihenfolge möglich. Bisher konnten nur mit (192) kompatible Reihenfolgen effizient realisiert werden.

6.2 Konvergenzbetrachtungen

Nun betrachten wir die Konvergenzrate dieser punktorientierten Verfahren. Dazu kehren wir wieder zu der im Abschnitt 3.3 eingeführten Konvergenztheorie zurück.

Lösen wir das in jedem Punkt entstehende Teilproblem nicht exakt, sondern iterieren hier lediglich mittels eines Gauß-Seidel-Schrittes, dann erhalten wir insgesamt gerade das einfache Gauß-Seidel-Verfahren für das semidefinite System in der speziellen punktorientierten Anordnung (187). Im Vergleich zum levelorientierten Verfahren (154) hat also lediglich ein Umordnen der Unbekannten stattgefunden. Mit den Ausführungen in Abschnitt 5.3 ist deswegen sofort klar, daß auch die Konvergenzrate des Gauß-Seidel-Verfahrens zur punktorientierten Anordnung (187) von n^{E_M} unabhängig ist. Dort war der Beweis zur Abschätzung der Konvergenrate mit (178) ja gerade *nicht* von der Durchlaufreihenfolge durch die Unbekannten abhängig. Das gleiche gilt mit (179) für das symmetrische Gauß-Seidel-Verfahren mit punktorientierter Durchlaufreihenfolge.

Darüber hinaus gibt die hierbei verwendete Konvergenztheorie keine Möglichkeit, Aussagen darüber zu machen, welche Durchlaufreihenfolge bessere Konvergenzraten ergibt. In numerischen Experimenten werden wir aber später sehen, daß sich die Konvergenzraten des level- und des punktorientierten Gauß-Seidel-Verfahrens nicht wesentlich unterscheiden.

Nun wollen wir weiterhin den zum Punktblock-System gehörigen Block-Jacobi-Vorkonditionierer $C^{E_M} = (\mathcal{D}^{E_M})^{-1}$ betrachten. Dabei müssen alle entsprechenden Punktblock-Teilsysteme *exakt* gelöst werden. Wegen (107)-(108) genügt es, $\forall v^{E_M} \perp Kern(L^{E_M})$

$$(193) \qquad c_2 \cdot (v^{E_M})^T \mathcal{D}^{E_M} v^{E_M} \leq (v^{E_M})^T D^{E_M} v^{E_M} \leq c_3 \cdot (v^{E_M})^T \mathcal{D}^{E_M} v^{E_M}$$

mit positiven Konstanten c_2, c_3 zu zeigen. Da bereits in Abschnitt 4.3 demonstriert wurde, daß die verallgemeinerte Kondition von $(D^{E_M})^{-1} L^{E_M}$ von der Ordnung $\mathcal{O}(1)$ ist, also $\tilde{\lambda}_{\min}^{(L^{E_M}, D^{E_M})}$ und $\lambda_{\max}^{(L^{E_M}, D^{E_M})}$ nach oben bzw. unten durch Konstanten c_0 bzw. c_1 unabhängig von n^{E_M} beschränkt sind, wäre mit dem Nachweis von (193) auch die Beschränktheit von $\tilde{\lambda}_{\min}^{(L^{E_M}, \mathcal{D}^{E_M})}$ und $\lambda_{\max}^{(L^{E_M}, \mathcal{D}^{E_M})}$

gegeben. Für (193) genügt es wegen

$$(v^{E_M})^T \mathcal{D}^{E_M} v^{E_M} = \sum_{j=1}^{p} (v_j^{E_M})^T \mathcal{D}_{j,j}^{E_M} v_j^{E_M}, \tag{194}$$

die extremen Eigenwerte und damit die Kondition der Punktblock-Matrizen $\hat{\mathcal{D}}_{j,j}^{E_M} := (D_{j,j})^{-1/2} \mathcal{D}_{j,j}^{E_M} (D_{j,j})^{-1/2}, j = 1, \ldots, p$, einzeln abzuschätzen. Wir haben die Beschränktheit und Elliptizität des Operators L vorausgesetzt und wollen nun unsere Betrachtungen wegen

$$m_1 \|u\|_{\mathcal{H}^1}^2 \leq a(u,u) \leq m_2 \|u\|_{\mathcal{H}^1}^2 \quad \forall u \in \mathcal{H}_0^1, \quad m_1, m_2 \text{ Konstante} \tag{195}$$

auf den Fall des Laplace-Operators $L = \Delta$ einschränken. In unserem speziellen Fall uniformer Gitterverfeinerung mit quadratischen Elementen lassen sich die Eigenwerte von $\hat{\mathcal{D}}_{j,j}^{E_M}$ dann unter Zuhilfenahme der Toeplitztheorie mit scharfen Schranken abschätzen. Die Punktblock-Matrizen $\hat{\mathcal{D}}_{j,j}^{E_M}$ haben bei levelweiser Anordnung der Indizes die *Toeplitzgestalt*

$$d_{i_1,i_2} = \frac{3}{2} 2^{-|i_1-i_2|} - \frac{1}{2} 2^{-2\cdot|i_1-i_2|}, \qquad i_1, i_2 = 1, 2, \ldots, |P_{x_j}|. \tag{196}$$

Einer symmetrischen Toeplitzmatrix ist mit $d_k := d_{i,i+k}$ die Summe

$$f(z) := d_0 + 2 \sum_{k=1}^{\infty} d_k z^k \tag{197}$$

zugeordnet, die sich für $|z| \leq 1$ auch als die komplexe, analytische Funktion

$$f(z) = \frac{3}{1 - z/2} - \frac{1}{1 - z/4} - 1 \tag{198}$$

schreiben läßt. Der kleinste Eigenwert einer symmetrischen Toeplitzmatrix läßt sich dann mit Grenander und Szegö [37], Theorem 9.2.a, durch das Infimum des Realteils von $f(z)$ in $|z| < 1$ nach unten abschätzen. Da in unserem Fall $f(z)$ eine holomorphe Funktion in $|z| \leq 1$ ist, nimmt ihr Realteil sein Infimum als das Minimum auf dem Rand $|z| = 1$ an. Deswegen läßt sich in

$$Re(f(z)) = \hat{f}(x,y) = \frac{3(1 - 1/2x)}{(1 - 1/2x)^2 + 1/4y^2} - \frac{1 - 1/4x}{(1 - 1/4x)^2 + 1/16y^2} - 1 \tag{199}$$

$x = \cos\psi, y = \sin\psi$ setzen, und wir erhalten damit

$$g(\psi) = \frac{3(1 - 1/2\cos\psi)}{5/4 - \cos\psi} - \frac{1 - 1/4\cos\psi}{17/16 - 1/2\cos\psi} - 1. \tag{200}$$

Die Ableitung hiervon ist

$$(201) \qquad g'(\psi) = -6\frac{\sin\psi(617 - 416\cos\psi + 32\cos^2\psi)}{1024(\cos\psi - 5/4)^2(\cos\psi - 17/8)^2}$$

Sie ist wegen $\cos\psi < 5/4 < 17/8$ für alle ψ definiert und hat in $[0, 2\pi]$ die Nullstellen 0, π und 2π. Deswegen muß der kleinere der zugehörigen Werte $g(0) = g(2\pi) = 11/3$, $g(\pi) = 1/5$ das Infimum von $Re(f(z)), |z| < 1$ sein. Eine Abschätzung für den größten Eigenwert von $\hat{\mathcal{D}}_{j,j}^{E_M}$ erhält man sofort mit dem Einschließungssatz von Gerschgorin. Dies liefert die Schranken $1/c_3 = 0.2$ und $1/c_2 = 3.66\bar{6}$ für die Eigenwerte der Punktblock-Matrix im Laplace-Fall mit quadratischen Elementen.

Insgesamt haben wir damit die Beschränktheit von $\tilde{\lambda}_{\min}^{(L^{E_M},\mathcal{D}^{E_M})}$ und $\lambda_{\max}^{(L^{E_M},\mathcal{D}^{E_M})}$ durch

$$(202) \qquad 0 < c_0 \cdot c_2 \leq \tilde{\lambda}_{\min}^{(L^{E_M},\mathcal{D}^{E_M})} \leq \lambda_{\max}^{(L^{E_M},\mathcal{D}^{E_M})} \leq c_1 \cdot c_3$$

hergeleitet. Der zum Punktblock-System gehörige Block-Jacobi-Vorkonditionierer besitzt somit eine verallgemeinerte Kondition der Ordnung $\mathcal{O}(1)$.

Auch im Fall allgemeinerer Elementgestalt ergibt sich für die resultierenden Punktblock-Matrizen $\hat{\mathcal{D}}_{j,j}^{E_M}$ eine Toeplitzstruktur. Der Grund dafür liegt in der Ähnlichkeit der Träger der Knotenbasisfunktionen verschiedener Level, die im gleichen Punkt zentriert sind. Ausschlaggebend dafür ist das Prinzip uniformer Verfeinerung ausgehend von der gröbsten Elementunterteilung. Beispiele hierfür werden in Abbildung 14 gezeigt.

Schließlich wollen wir noch das Punktblock-Gauß-Seidel-Verfahren (mit exaktem Punktblock-Teilsystemlöser) betrachten. Für eine Konvergenzaussage muß zusätzlich zur unteren Abschätzung in (202) der Wert $K_1 = |||\hat{\mathcal{F}}^{E_M}|||_2$ nach oben abgeschätzt werden. Man vergleiche auch (114) und (188). Dies kann, wie schon in Abschnitt 3.3 skizziert, beispielsweise mittels einer Abschätzung für den Wert $\tilde{K}_1 = \rho(\Theta_{\mathcal{D}^{E_M}})$ geschehen. Analog zu (173) bis (177) und zur Argumentation in Zhang [131], Lemma 3.2 bis Lemma 3.5, läßt sich nach kurzer Analyse zeigen, daß auch in unserem Punktblock-Fall

$$(203) \qquad K_1 = |||\hat{\mathcal{F}}^{E_M}|||_2 \leq \tilde{K}_1 = \rho(\Theta_{\mathcal{D}^{E_M}}) \leq \tilde{c}_1$$

mit einer Konstanten $\tilde{c}_1$ unabhängig von $l_{\max}$ und n^{E_M} gilt. Dabei partitionieren wir die (p,p)-Matrix $\Theta_{\mathcal{D}^{E_M}}$ analog zu (192) levelweise in Blöcke, gehen

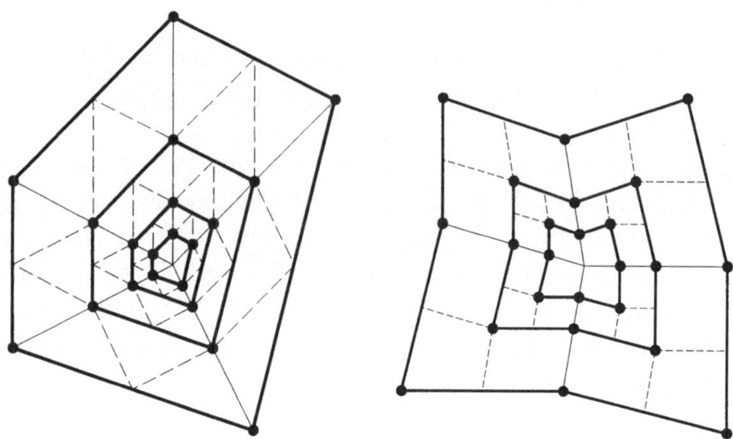

ABB. 14: *Träger der zu einem Punkt gehörigen Knotenbasisfunktionen für allgemeinere drei- und viereckige Elemente.*

wie in (174) zu einer $(l_{\max}, l_{\max})$-Matrix $\tilde{\Theta}$ über, deren Einträge aus den $|||.|||_2$-Normen der Blöcke gebildet wird, und schätzen deren $|||.|||_2$-Norm mittels der $|||.|||_1$-Norm und einer zu (176) analogen Beziehung durch eine Konstante $\tilde{c}_1$ nach oben ab.

Insgesamt erhalten wir dann mit $\omega = 1$ (exakter Blocklöser) gemäß (116) die Abschätzung

$$\rho^{PBGS} \leq \sqrt{1 - \frac{c_0 \cdot c_2}{(1 + \tilde{c}_1)^2}} \tag{204}$$

für das Punktblock-Gauß-Seidel-Verfahren. Auch dieses Verfahren konvergiert also mit einer von $l_{\max}$ und n^{E_M} unabhängigen Konvergenzrate. Dies gilt wegen (203) für *alle* Durchlaufreihenfolgen durch die Menge der Punke. Analog zu (179) konvergiert schließlich auch das symmetrische Punktblock-Gauß-Seidel-Verfahren unabhängig von $l_{\max}$ und n^{E_M}.

7 Gebietsorientierte Block-Gauß-Seidel-Verfahren

In nicht-überlappenden Gebietszerlegungsalgorithmen kommt das folgende Vorgehen zur Anwendung: Das Gebiet Ω wird in einzelne disjunkte Teilgebiete Ω^i zerlegt, so daß $\bigcup \Omega^i = \Omega$ gilt. Dabei entsteht mit $\Omega_S := \bigcup \delta\Omega^i \backslash \delta\Omega$ ein Separator, der das Innere der einzelnen Teilgebiete voneinander trennt. Wir erhalten mit $\Omega_I := \Omega \backslash \Omega_S$ die Zerlegung $\Omega = \Omega_I \cup \Omega_S$. Im diskreten Fall können wir genauso vorgehen. Dabei muß darauf geachtet werden, daß die Zerlegung in Teilgebiete nur längs Gitterlinien stattfinden darf. Einfache Beispiele für Gebietszerlegungen sind in Abbildung 15 dargestellt. Eine Zusammenstellung verschiedener Gebietszerlegungsmethoden findet man etwa in Hackbusch [56].

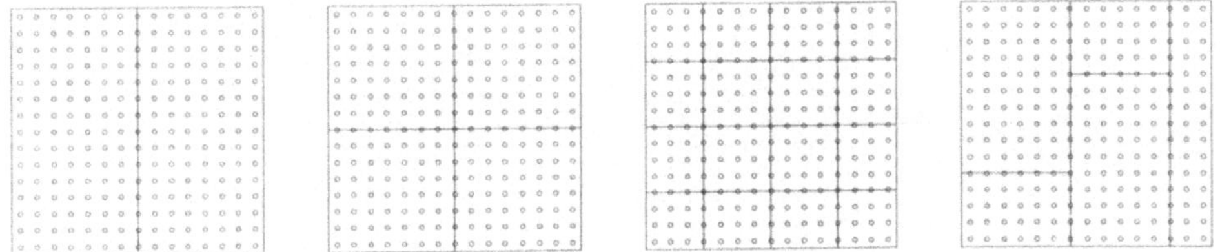

ABB. 15: *Einfache Beispiele für Gebietszerlegungen.*

Im folgenden zeigen wir, wie die Gebietszerlegungsidee auf das semidefinite System übertragen werden kann. In natürlicher Weise ergibt sich damit eine gebietszerlegungsartige Multilevelmethode mit maschenweitenunabhängiger Konvergenzrate. Weiterhin werden wir das Erzeugendensystem benutzen, um einen $\mathcal{O}(1)$-Vorkonditionierer für das bei konventionellen Gebietszerlegungsmethoden auftretende Schur-Komplement zu konstruieren.

7.1 Gebietsweise Blockpartitionierung des semidefiniten Systems

Das Prinzip der Gebietszerlegung werden wir nun benutzen, um den punktorientierten Zugang der Partitionierung des semidefiniten Systems zu verallgemeinern. Dazu erlauben wir eine Zerlegung des Gebiets Ω in J nicht-überlappende Teilgebiete

$$\Omega = \bigcup_{j=1}^{J} \Omega^j, \quad \Omega^{j_1} \cap \Omega^{j_2} = \{\} \text{ für } j_1 \neq j_2, \tag{205}$$

die zudem die Eigenschaft besitzen, daß *kein* Gitterpunkt aus $\mathcal{N}^{E_M}$ auf dem Rand eines der Teilgebiete liegt. Im Gegensatz zu obiger Definition und zum Zerlegungsansatz wie in Abbildung 15 ist nun der Separator ein eigenes Teilgebiet. Dies zeigt Abbildung 16. Darüber hinaus sind mit (205) auch weitergehende rekursive Zerlegungen der einzelnen Teilgebiete beschreibbar, wie sie später in Abbildung 17 dargestellt sind.

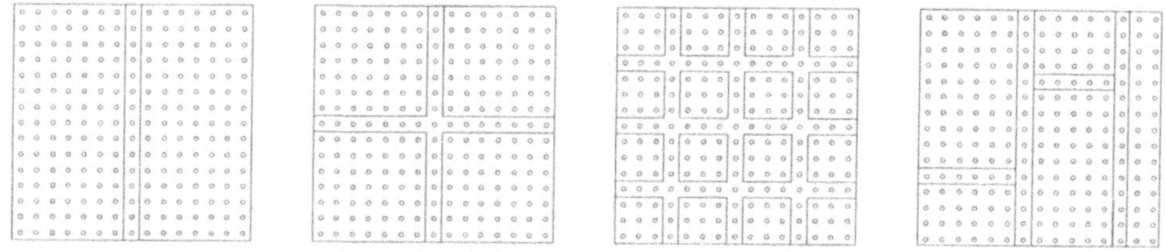

ABB. 16: *Einfache Beispiele für Punktmengenzerlegungen.*

Damit gehört jeder Punkt eindeutig zu einem bestimmten Teilgebiet, und wir können $\mathcal{N}^{E_M}$ analog zerlegen als

$$\mathcal{N}^{E_M} = \bigcup_{j=1}^{J} \mathcal{N}^j, \quad \mathcal{N}^{j_1} \cap \mathcal{N}^{j_2} = \{\} \text{ für } j_1 \neq j_2. \tag{206}$$

Nun fassen wir mit

$$P_{\mathcal{N}^j} := \bigcup_{x \in \mathcal{N}^j} P_x \tag{207}$$

die Funktionen des Erzeugendensystems zusammen, deren Zentrumspunkte im gleichen Teilgebiet Ω^j liegen. Damit haben wir das Erzeugendensystem gebietsweise zerlegt in

$$\mathcal{E}_M^{gebiet} := (E_{M,j})_{1 \leq j \leq J} \quad \text{mit} \quad E_{M,j} = P_{\mathcal{N}^j}. \tag{208}$$

Das semidefinite System läßt sich in analoger Weise partitionieren.

Der resultierende Block-Gauß-Seidel-Algorithmus (94) durchläuft dann die zu verschiedenenen Teilgebieten gehörigen Unbekannten in einer vorgegebenen Reihenfolge. Lösen wir die entstehenden Teilprobleme nicht exakt, sondern iterieren wir hier nur mit einem Gauß-Seidel-Schritt, dann erhalten wir das einfache Gauß-Seidel-Verfahren für das gesamte semidefinite System mit einer durch die Anordnung der Gebiete, Punkte und zu Punkten gehörigen Funktionen gegebenen Durchlaufreihenfolge. Iterieren wir statt dessen mit einem Schritt des Punktblock-Gauß-Seidel-Verfahrens, dann erhalten wir das Punktblock-Gauß-Seidel-Verfahren (exakte Lösung der Punktblock-Teilprobleme) für das semidefinite System mit einer durch die Anordnung der Gebiete und Punkte gegebenen Durchlaufreihenfolge. Da beim Beweis der Konvergenzrate des levelweisen Gauß-Seidel-Verfahrens in Abschnitt 5.3 die Durchlaufreihenfolge nicht einging, ist sofort klar, daß das Gauß-Seidel-Verfahren mit gebietsweise angeordneter Durchlaufreihenfolge durch die Menge der Unbekannten eine Konvergenzrate besitzt, die unabhängig von n^{E_M} ist. Das gleiche gilt für das Punktblock-Gauß-Seidel-Verfahren mit gebietsweise angeordneter Durchlaufreihenfolge durch die Menge der Punkte.

Aus Gründen einer effizienten Implementierung und einer später genauer zu betrachtenden parallelen Realisierung lassen wir jedoch nicht jede beliebige Zerlegung des Gebiets und der Gitterpunkte in (206) zu, sondern beschränken uns auf Zerlegungen, die der Forderung

$$\begin{aligned} &\forall j_1, j_2 \in \{1, \ldots, J\} : j_1 \neq j_2, lev(\mathcal{N}^{j_1}) = lev(\mathcal{N}^{j_2}) \\ &\Rightarrow supp(\phi_1) \cap supp(\phi_2) = \{\} \quad \forall \phi_1 \in P_{\mathcal{N}^{j_1}}, \forall \phi_2 \in P_{\mathcal{N}^{j_2}} \end{aligned} \tag{209}$$

genügen. Dabei bezeichnet

$$lev(\mathcal{N}^j) = \min_{\phi \in P_{\mathcal{N}^j}} \{l : \phi \in B_l\} \tag{210}$$

die Levelnummer, zu der die Funktion aus $P_{\mathcal{N}^j}$ mit dem größten Träger gehört. Mit der Forderung (209) ist sichergestellt, daß zwei Gitterpunktmengen, deren Levelnummer gleich ist, nicht direkt miteinander in Beziehung stehen. Die zugehörigen Einträge in der Matrix L^{E_M} sind Null. Gitterpunktmengen mit Levelnummer l haben automatisch eine separierende Wirkung für die Gitterpunktmengen mit einer Levelzahl größer l. Die Zerlegung in Teilgebiete ist damit kompatibel zur Levelhierarchie, und Unterteilungen wie in Abbildung 16 (rechts) sind ausgeschlossen.

Mit dieser Zusatzforderung erhalten wir Zerlegungen der Gitterpunkte, wie sie auch beim sogenannten "nested-dissection"-Verfahren [35] und bei der rekursiven Substrukturierung in der Methode der finiten Elemente vorkommen [26], [99]. Beispiele hierzu sind in Abbildung 17 gegeben.

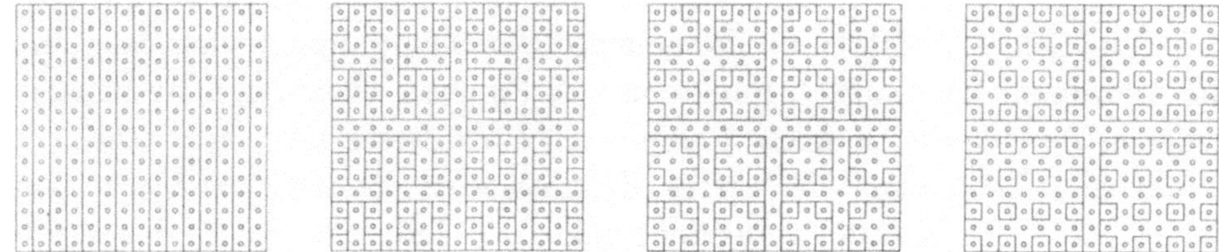

ABB. 17: *Beispiele für rekursive Punktmengenzerlegungen.*

Nun ordnen wir die einzelnen Mengen $\mathcal{N}^j$ gemäß ihrer Levelnummer aufsteigend an. Wiederum müssen im resultierenden Gauß-Seidel-Verfahren die Teilmatrizen für die einzelnen Teilgebiete sowie die jeweiligen Residuen nicht explizit gebildet werden, sondern können analog zu (157) mit Hilfe lokaler Prolongations- und Restriktionsoperatoren berechnet werden. Ein Iterationsschritt des Gauß-Seidel-Verfahrens kann dann mit Hilfe von $\mathcal{O}(n^{E_M})$ Rechenoperationen ausgeführt werden. Das gleiche gilt für das zugehörige Punktblock-Verfahren und auch für das Gebietsblock-Gauß-Seidel-Verfahren, bei dem die zu jedem Teilgebiet gehörigen Probleme mittels eines lokalen Iterationsverfahrens exakt gelöst werden.

Auf diese Weise erhalten wir ein effizientes Gebietszerlegungsverfahren mit nicht-überlappenden Teilgebieten. Auf den einzelnen Teilgebieten entstehen in natürlicher Weise lokale Erzeugendensysteme. Durch die Forderung (209) sind die Teilgebiete gerade kompatibel mit der Levelanordnung und enthalten so viele Level, wie die Größe des Gebiets erlaubt.

Iterieren wir die Unbekannten der jeweiligen Teilgebiete levelweise, dann erhalten wir ein lokales mehrgitterartiges Iterationsverfahren. Aber auch jede andere Durchlaufreihenfolge der Gauß-Seidel-Iteration ergibt einen schnell konvergierenden Teilgebietslöser. Auf den Separatoren findet automatisch die richtige Multilevel-Korrektur statt. Die Erzeugendensystemfunktionen einer Trennlinie reichen verschieden weit in das Innere der benachbarten Teilgebiete hinein, und das Residuum wird dadurch multilevelartig auf das jeweilige Separatorproblem übertragen und umgekehrt. Dies ist in Abbildung 18 dargestellt.

Durch die Verwendung des Erzeugendensystems müssen wir uns nun im Gegensatz zu konventionellen Gebietszerlegungsmethoden nicht mehr um die Be-

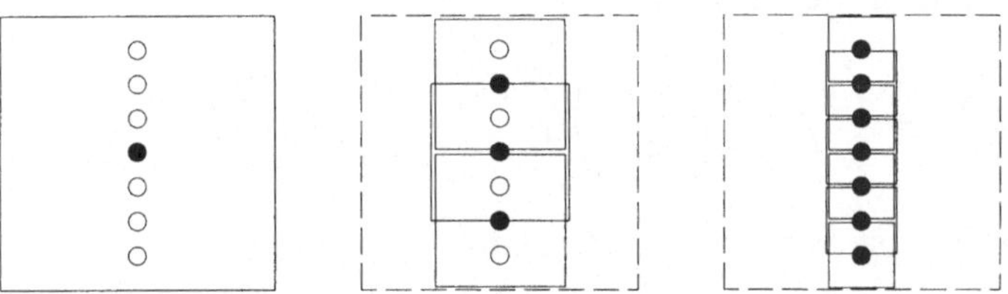

ABB. 18: *Träger der in den auf der Mittellinie liegenden Punkten zentrierten Funktionen aus* E_3.

rechung der Schur-Komplemente und ihrer (genäherten) Inversen kümmern. Weiterhin besteht keine Notwendigkeit mehr, die Konvergenzrate durch globale Grobgitterkorrekturschritte (sie sind ja schon implizit enthalten) oder durch die Verwendung überlappender Gebiete verbessern zu müssen. Mit Hilfe des semidefiniten Systems erhalten wir somit in *natürlicher* Weise Gebietszerlegungsverfahren mit mehrgitterartigen Konvergenzeigenschaften.

7.2 Zur Vorkonditionierung des Schur-Komplements

Die Verwendung des Erzeugendensystems erlaubt auch für konventionelle Gebietszerlegungsmethoden die Konstruktion eines guten Vorkonditionierers für das zu einem Separator gehörige Schur-Komplement.

Dazu betrachten wir den Fall einer einfachen Gebietszerlegung, wie er schon in Abbildung 16 (links und Mitte) dargestellt war. Die Menge der Gitterpunkte zerfällt in die zu Ω_S und zu Ω_I gehörigen Teilmengen $\mathcal{N}_S$ und $\mathcal{N}_I$. In der konventionellen Gebietszerlegungsmethode wird das zugehörige *Knotenbasissystem* $L^{B_M}u^{B_M} = f^{B_M}$ nun in analoger Weise blockpartitioniert. Wir erhalten

$$(211) \qquad \begin{pmatrix} L_{11} & L_{12} \\ L_{21} & L_{22} \end{pmatrix} \begin{pmatrix} u_1 \\ u_2 \end{pmatrix} = \begin{pmatrix} f_1 \\ f_2 \end{pmatrix},$$

wobei L_{11} dem Inneren der Teilgebiete zugeordnet ist, L_{22} das zum Separator gehörige System beschreibt und L_{12} sowie L_{21} die Kopplung zwischen Teilgebieten und Separator beschreiben.

Mit dem sogenannten Schur-Komplement

$$(212) \qquad K_{22} := L_{22} - L_{21}L_{11}^{-1}L_{12}$$

und der Blockmatrixfaktorisierung

$$(213)\qquad L^{B_M} = \begin{pmatrix} I_{11} & 0 \\ L_{21}L_{11}^{-1} & I_{22} \end{pmatrix} \begin{pmatrix} L_{11} & 0 \\ 0 & K_{22} \end{pmatrix} \begin{pmatrix} I_{11} & L_{11}^{-1}L_{12} \\ 0 & I_{22} \end{pmatrix}$$

läßt sich die Inverse von L^{B_M} in Blockmatrixform als

$$(L^{B_M})^{-1} = \begin{pmatrix} I_{11} & -{L_{11}}^{-1}L_{21} \\ 0 & I_{22} \end{pmatrix} \begin{pmatrix} {L_{11}}^{-1} & 0 \\ 0 & {K_{22}}^{-1} \end{pmatrix} \begin{pmatrix} I_{11} & 0 \\ -L_{21}{L_{11}}^{-1} & I_{22} \end{pmatrix}$$

darstellen.

Um nun den entsprechend partitionierten Vektor f^{B_M} mit $(L^{B_M})^{-1}$ zu multiplizieren, sind Multiplikationen mit ${L_{11}}^{-1}$ und mit ${K_{22}}^{-1}$ notwendig. Die explizite Bildung von ${L_{11}}^{-1}$ und ${K_{22}}^{-1}$ führt dann zu einem direkten Verfahren. Dies ist jedoch in der Regel zu aufwendig.

Statt dessen werden ${L_{11}}^{-1}$ und ${K_{22}}^{-1}$ durch genäherte Inverse ersetzt, was zu einem iterativen Algorithmus mit inneren und äußeren Iterationen führt [3]. Eine genäherte Inverse von ${L_{11}}^{-1}$ erhält man indirekt durch geeignete Iterationsverfahren für die entstehenden Teilgebietprobleme. Dabei können beispielsweise Mehrgitterverfahren zum Einsatz kommen. Inexakte Teilgebietslöser und ihre Auswirkung auf die Konvergenz des Gesamtverfahrens wurden etwa von Börgers [14], Langer und Haase [69] oder Axelsson und Vassilevski [3] untersucht.

Daneben läßt sich die Gebietszerlegungsidee auch in Teilgebieten rekursiv aufsetzen. In jedem Teilgebiet entstehen dann lokale Schur-Komplemente und die zu den kleineren Untergebieten gehörigen Teilprobleme. Dies kann solange fortgesetzt werden, bis die entstehenden Probleme so klein sind, daß sie ohne Auswirkung auf die Komplexität des Gesamtverfahrens exakt gelöst werden können. Dieses in der Ingenieurpraxis beliebte Vorgehen der rekursiven Substrukturierung erlaubt es, kommerzielle Programmpakete erfolgreich in Gebietszerlegungsverfahren als Teilgebietslöser einzubinden [26].

Nun sind noch die verbleibenden Schur-Komplement-Probleme zu lösen. Dazu ist etwa eine genäherte Inverse von K_{22}^{-1} indirekt durch ein Iterationsverfahren zu bestimmen. Die Kondition von K_{22} ist aber schon für einfache zweidimensionale Modellprobleme $\kappa(K_{22}) = \mathcal{O}(h^{-1})$. Deswegen konvergiert beispielsweise das Verfahren der konjugierten Gradienten lediglich mit der Rate $1 - \mathcal{O}(h^{1/2})$. Im dreidimensionalen Fall verhält sich die Kondition des Schur-Komplements eines zweidimensionalen Separators entsprechend.

Aus diesem Grund ist es wichtig, für das Schur-Komplement eine gute genäherte Inverse zu konstruieren. Dies gilt um so mehr im Fall rekursiver Gebietszerlegung. Die Lösung der Separator-Gleichung beziehungsweise ihre Vorkonditionierung ist deshalb eine zentrale Frage für Gebietszerlegungsmethoden und Gegenstand aktueller Forschung. Einen Überblick findet man etwa in Chan et al. [29].

Hierbei ist das Prinzip des Erzeugendensystems hilfreich. In natürlicher Weise erhalten wir für den Separator ein Gleichungssystem, das optimale Kondition besitzt.

Um das Prinzip zu erklären und den Zusammenhang zum konventionellen Gebietszerlegungsverfahren herzustellen, wollen wir zunächst einmal das Erzeugendensystem lediglich auf dem Separator einsetzen und in den Teilgebieten Standard-Basisfunktionen zur Diskretisierung verwenden. Dadurch ist die für die Teilgebiete entstehende Matrix invertierbar, und wir erhalten für den Separator eine zu (212) analoge Form. Entscheidend dabei ist, daß die zum Separator assoziierten Erzeugendensystemfunktionen im zweidimensionalen Fall auch zweidimensionale Träger besitzen, die auf jedem Level verschieden weit in das Innere der Teilgebiete hineinreichen. In Abbildung 18 werden die Träger der Funktionen des Erzeugendensystems gezeigt, die zum Separator aus Abbildung 16 (links) gehören.

Wir benutzen also das Erzeugendensystem

(214) $$\hat{E}_M = B_M^{\Omega_I} \cup E_M^{\Omega_S}$$

mit

$$\begin{aligned} B_M^{\Omega_I} &:= \{\phi \in B_M : \phi(x) = 1, x \in \mathcal{N}_I\}, \\ E_M^{\Omega_S} &:= \{\phi \in E_M : \phi(x) = 1, x \in \mathcal{N}_S\}. \end{aligned}$$

Die durch den Ritz-Galerkin-Prozeß entstehende Matrix lautet nun

(215) $$L^{\hat{E}_M} = \begin{pmatrix} L_{11} & L_{12}^E \\ L_{21}^E & L_{22}^E \end{pmatrix},$$

und das resultierende Schur-Komplement ist

(216) $$K_{22}^E := L_{22}^E - L_{21}^E {L_{11}}^{-1} L_{12}^E.$$

Die einzelnen Matrizen sind nun nicht mehr so einfach mittels S^{EB_M} faktorisierbar. Beispielsweise ist L_{22}^E nicht nur von L_{22}, sondern über Prolongationen und Restriktionen auch von L_{11}, L_{21} und L_{12} abhängig. Bei der Bildung des Schur-Komplements K_{22}^E werden aber gerade solche in das Innere reichende Kopplungen eliminiert, wenn (209) erfüllt ist.

Nach kurzer Rechnung sieht man, daß das erweiterte Schur-Komplement in der faktorisierten Form

$$(217) \qquad \begin{aligned} K_{22}^E &= (S_{22}^{EB})^T (L_{22} - L_{21} L_{11}{}^{-1} L_{12}) S_{22}^{EB} \\ &= (S_{22}^{EB})^T K_{22} S_{22}^{EB} \end{aligned}$$

dargestellt werden kann. S_{22}^{EB} entsteht dabei aus S^{EB_M} durch die Einschränkung auf die zu Ω_S gehörigen Freiheitsgrade von E_M. Dies gilt, obwohl $L_{22}^E \neq (S_{22}^{EB})^T L_{22} S_{22}^{EB}$. Trotzdem ist das zum Erzeugendensystem des Separators gehörige Schur-Komplement K_{22}^E gerade das Produkt aus dem zur Basisdarstellung gehörigen Schur-Komplement K_{22} und den auf dem Separator arbeitenden Matrizenanteilen aus S^{EB_M} und $(S^{EB_M})^T$.

Wenn wir nun, wie schon beim BPX-Operator, zur Darstellung bezüglich der Basis B_M übergehen (also von links diagonalskalieren und mit S_{22}^{EB} multiplizieren, rechts zur Basisdarstellung übergehen), dann erhalten wir mit

$$(218) \qquad C_{22} := S_{22}^{EB} C_{22}^E (S_{22}^{EB})^T$$

einen Vorkonditionierer C_{22} für das Schur-Komplement K_{22} in der Knotenbasis. Die diagonale Skalierungsmatrix C_{22}^E sollte dabei als

$$(219) \qquad C_{22}^E := diag(L_{22}^E)^{-1}$$

gewählt werden. Wir erhalten damit einen BPX-artigen Vorkonditionierer für den $d-1$-dimensionalen diskreten Spuroperator K_{22}. Eine ähnliche Konstruktion wird auch in Tong, Chan und Kuo [111], [113] vorgestellt.

Für die Gebietszerlegung von Abbildung 16 (links) zeigt Tabelle 1 im einfachen Fall $L = \Delta, d = 2$ mit uniformer Gitterverfeinerung die Kondition des Schur-Komplements K_{22} sowie die Konditionsverbesserung, die durch C_{22} erreicht wird. Deutlich sehen wir, daß $\kappa(K_{22})$ von der Ordnung $\mathcal{O}(h_k^{-1})$ ist. $\kappa(C_{22}K_{22})$ ist dagegen praktisch unabhängig von der Maschenweite und besitzt die Ordnung $\mathcal{O}(1)$.

Im Fall $d = 2$ ist ein Separator lediglich eine eindimensionale Mannigfaltigkeit. Deswegen kann alternativ zu einem BPX-artigen Vorkonditionierer auch ein Vorkonditionierer mittels der Methode der hierarchischen Basis [126] konstruiert werden, um eine Kondition von $\mathcal{O}(1)$ zu erreichen. Derartige Verfahren

TABELLE 1
Kondition von K_{22} und $C_{22}K_{22}$ für verschiedene Leveltiefen $k, L = \Delta, d = 2$.

k	2	3	4	5	6	7	8
$\kappa(K_{22})$	1.947	3.838	7.640	15.26	30.51	61.02	122.04
$\kappa(C_{22}K_{22})$	1.648	2.085	2.423	2.671	2.851	2.988	3.092

werden von Axelsson und Vassilevski [3], Vassilevski [116], [117], Kuznetsov [67], [68] und Smith und Widlund [107] vorgestellt.

Im Fall eines dreidimensionalen Problems jedoch sind die Separatoren einer Gebietszerlegungsmethode zweidimensionale Mannigfaltigkeiten, und ein Vorkonditionierer mit hierarchischer Basis würde nur eine von $l_{\max}$ abhängige Kondition erzielen. Von unserem Vorkonditionierer hingegen erwarten wir, daß er eine Kondition der Ordnung $\mathcal{O}(1)$ *unabhängig* von der Dimension des Problems beziehungsweise des Separators besitzt. Zum Beweis hierzu siehe Oswald [94], Abschnitt 2.3., Theorem 3, sowie Oswald [91].

8 Numerische Experimente zur Konvergenz der Verfahren

Nun berichten wir über die Ergebnisse numerischer Experimente zu den Konvergenzeigenschaften der verschiedenen vorgestellten Iterationsverfahren für das semidefinite System $L^{E_M} u^{E_M} = f^{E_M}$. Als typischen Vertreter eines selbstadjungierten, elliptischen Randwertproblems zweiter Ordnung betrachten wir dabei die Poisson-Gleichung

$$\Delta u = f \quad \text{in} \quad \Omega = (0,1)^2 \tag{220}$$

mit Dirichlet-Randbedingungen $u = 0$ auf $\delta\Omega$.

Der Einfachheit halber beschränken wir uns auf den Fall uniformer Gitterverfeinerung. Das zum feinsten Gitter Ω_k gehörige Erzeugendensystem ist dann mit

$$E_M = E_k = \bigcup_{l=1}^{k} B_l \tag{221}$$

gegeben. In analoger Weise sei die hierarchische Basis H_k definiert.

Wenden wir uns zunächst dem mit $C^{E_k,J} = (D^{E_k})^{-1} = diag(L^{E_k})^{-1}$ vorkonditionierten Verfahren des steilsten Abstiegs oder der Methode der konjugierten Gradienten zu. Hierbei ist die verallgemeinerte Kondition der vorkonditionierten Matrix, also der Quotient aus dem größten und dem kleinsten nichtverschwindenden Eigenwert von $C^{E_k,J} L^{E_k}$ entscheidend. In unserem zweidimensionalen Beispiel sind L^{E_k} und $(D^{E_k})^{-1/2} L^{E_k} (D^{E_k})^{-1/2}$ und damit auch ihre Eigenwerte bis auf eine Konstante 8/3 gleich. Es gilt nämlich $D^{E_k} = 8/3 \cdot I^{E_M}$. Die Eigenwerte von $C^{E_k,J} L^{E_k}$ sind in Tabelle 2 für verschiedene Leveltiefen k aufgeführt.

Wir sehen, daß die verallgemeinerte Kondition $\tilde{\kappa} = \tilde{\kappa}(C^{E_k,J} L^{E_k}, I^{E_M})$ für genügend große Werte k faktisch nicht mehr ansteigt. Dies zeigt das theoretische $\mathcal{O}(1)$-Resultat von (143) auch in der Praxis. Weiterhin sehen wir aus diesen Werten, daß die zugehörige Jacobi-Basisiteration für das semidefinite System, die mit $I^{E_k} - C^{E_k,J} L^{E_k}$ gegeben ist, nicht konvergiert. Der Spektralradius ihrer Iterationsmatrix ist mit $|1 - \lambda_{\max}|$ größer als eins. Erst mit einem Dämpfungsparameter kann hier Konvergenz erzwungen werden.

Wie man aus (75) nach kurzer Rechnung sieht, benötigt das Verfahren der

TABELLE 2

Eigenwerte und Kondition von $C^{E_k,J}L^{E_k}$ sowie Zahl der Iterationsschritte und Konvergenzraten für CG in Theorie und Praxis.

k	3	4	5	6	7	8	9	10	11
$\tilde{\lambda}_{\min}$	0.77	0.76	0.76	0.75	0.75	0.75	0.75	0.75	0.75
$\lambda_{\max}$	2.3	2.7	3.1	3.3	3.6	3.8	3.9	4.1	4.2
$\tilde{\kappa}$	3.0	3.6	4.1	4.4	4.7	5.0	5.3	5.5	5.6
it	22	24	25	26	27	28	29	30	30
ρ	0.196	0.309	0.339	0.354	0.369	0.382	0.394	0.402	0.405
it^{CG}	8.8	14.4	16.5	18.0	18.7	19.8	20.1	20.2	20.3
ρ^{CG}	0.073	0.202	0.248	0.278	0.292	0.312	0.318	0.320	0.321

konjugierten Gradienten höchstens

$$it = \operatorname{int}\left(\frac{1}{2}\sqrt{\tilde{\kappa}} \cdot \left|\ln(2/\varepsilon)\right|\right) + 1 \tag{222}$$

Iterationsschritte, um die Energie des Anfangsfehlers um einen Faktor $\varepsilon \in (0,1)$ zu reduzieren. Die Reduktion nach it Schritten kann mit (75) durch den Wert $2\rho^{it}$ abgeschätzt werden, wobei

$$\rho := \frac{\sqrt{\tilde{\kappa}} - 1}{\sqrt{\tilde{\kappa}} + 1} \tag{223}$$

die mittlere Konvergenzrate des Verfahrens beschreibt.

Damit lassen sich aus den Ergebnissen von Tabelle 2 obere Schranken für die Konvergenzraten und Iterationszahlen gewinnen. Für das Verfahren der konjugierten Gradienten mit Jacobi-Vorkonditionierer ist also etwa eine Konvergenzrate von 0.4 zu erwarten. In der Praxis wird diese obere Schranke jedoch meist nicht erreicht, da das Verfahren der konjugierten Gradienten auch die Verteilung der Eigenwerte von $C^{E_k,J}L^{E_k}$ auszunutzen vermag. Tabelle 2 zeigt in den unteren Zeilen die Zahl it^{CG} der Iterationsschritte, die in der Praxis notwendig waren, um einen beliebigen Anfangsfehler um den Faktor 10^{-10} zu reduzieren, sowie die sich damit ergebende mittlere Konvergenzrate ρ^{CG}.

Um den Vorkonditionierungseffekt zu illustrieren, der implizit in der semidefiniten Matrix L^{E_M} steckt, betrachten wir abschließend den zu $C^{E_k,J}L^{E_k}$ gehörigen MDS-Vorkonditionierer $C^{B_k} := S^{EB_k}C^{E_k,J}(S^{EB_k})^T$ für die Steifigkeitsmatrix

L^{B_k}, vergleiche auch (128). Daß der MDS-Vorkonditionierer eine recht gute Näherung für $(L^{B_k})^{-1}$ ist, sehen wir in Abbildung 19. Die Gestalt der diskreten Greenschen Funktionen des Laplace-Operators werden durch den MDS-Vorkonditionierer relativ genau nachgebildet. (Der Maßstab ist jedoch verschieden). Die diskrete Greensche Funktion im Gitterpunkt x ist dabei durch $(L^{B_k})^{-1}e_x$ gegeben, wobei e_x den Einheitsvektor zum Punkt x bezeichne.

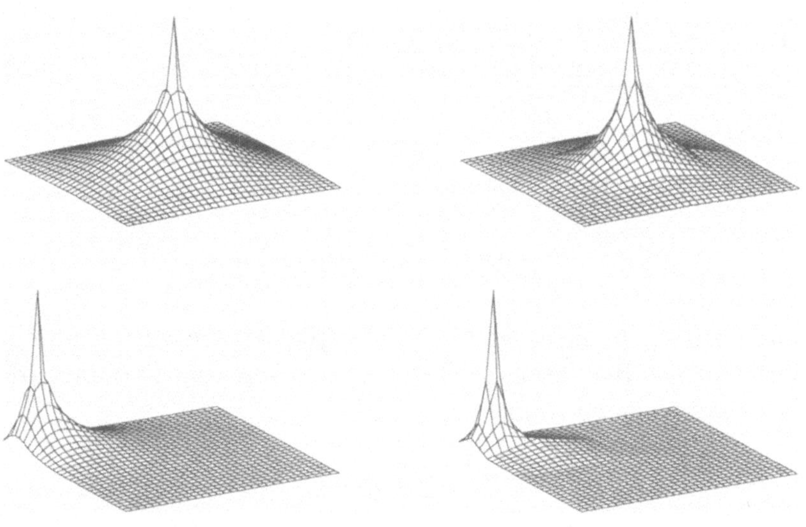

ABB. 19: *Gestalt der Greenschen Funktionen des diskreten Laplace-Operators (links) und Gestalt der Funktionen* $S^{EB_k} diag(L^{E_k})^{-1}(S^{EB_k})^T e_x$ *(rechts) im Punkt* x=(0.5, 0.5) *und im Punkt* x=(0.125, 0.875).

Nun wenden wir uns dem levelorientierten Gauß-Seidel-Verfahren für das semidefinite System zu. Wir betrachten dabei solche Durchlaufreihenfolgen durch die Level und Unbekannten, daß gerade ein Mehrgitter-V-Zyklus mit v_1 Vor- und v_2 Nachglättungsschritten realisiert wird. Auf jedem Level durchlaufen wir die Unbekannten in einer Vierfarb-Reihenfolge. Tabelle 3 zeigt die Ergebnisse unserer Experimente. Sie enthält die beobachteten Reduktionsfaktoren ρ des Fehlers pro Iterationsschritt. Da die levelorientierte Gauß-Seidel-Iteration zum Mehrgitterverfahren mit Galerkin-Grobgittermatrizen äquivalent ist, findet man diese Zahlen bereits in vielen anderen Artikeln. Wir führen sie hier auf, um später Vergleichsmöglichkeiten mit den punktorientierten Verfahren zu haben.

TABELLE 3

Reduktionsraten für das zu E_k gehörige levelweise Gauß-Seidel-Verfahren (MG).

$v1$	$v2$	$k=$	3	4	5	6	7	8
1	0	ρ	0.11	0.11	0.15	0.18	0.20	0.23
0	1	ρ	0.105	0.106	0.107	0.113	0.122	0.127
1	1	ρ	0.020	0.031	0.038	0.043	0.045	0.046
2	1	ρ	0.004	0.006	0.016	0.021	0.023	0.024
1	2	ρ	0.004	0.004	0.014	0.019	0.021	0.022

Das symmetrische Gauß-Seidel-Verfahren ($v_1 = v_2 = 1$) läßt sich zudem mit (83) als Vorkonditionierer $C^{E_k,SGS}$ für das Verfahren der konjugierten Gradienten einsetzen. Im Vergleich mit dem einfachen Jacobi-Vorkonditionierer fanden wir in numerischen Experimenten eine deutliche Verbesserung der Konditionszahlen und der resultierenden Konvergenzraten. Die Konvergenzrate ist jedoch nur ein Aspekt eines Verfahrens. Wichtig ist zudem die Effizienz des Verfahrens, wobei auch der zur Iteration benötigte Rechenaufwand in Rechnung gestellt wird. Ein Vergleich in Griebel [42] zeigt, daß sich Jacobi-CG, SGS und SGS-CG nur geringfügig unterscheiden, was ihre Effizienz betrifft.

Nun betrachten wir die GS-Iteration für das semidefinite System, bei der nur die Unbekannten relaxiert werden, die zu den Funktionen aus H_k gehören. Dann erhalten wir die HB-MG-Methode. Dabei durchlaufen wir die Unbekannten in der Reihenfolge $(N_k \setminus N_{k-1}, N_{k-1} \setminus N_{k-2}, \ldots, N_1)$. Wir relaxieren die Unbekannten von $N_l \setminus N_{l-1}$ v_1-mal, wobei jede Menge $N_l \setminus N_{l-1}$ selbst in einer Dreifarb-Reihenfolge angeordnet ist, $l = k, \ldots, 2$. Dann durchlaufen wir die Unbekannten in umgekehrter Reihenfolge und relaxieren jede Menge $N_l \setminus N_{l-1}$ v_2-mal. Die sich ergebenden Reduktionsraten sind in Tabelle 4 gezeigt. Die Abhängigkeit der Reduktionsraten von der Zahl k der Level ist deutlich zu sehen. Die Reduktionsraten verhalten sich wie $\sqrt{1 - C/k^2}, 1 < C < \infty$.

Die Punktblock-Methode relaxiert gleichzeitig *alle* Unbekannten, die zu den im gleichen Gitterpunkt zentrierten Funktionen von E_k gehören. In der HB-MG-Methode wird hingegen für jeden Gitterpunkt nur die Unbekannte relaxiert, die zu der Funktion mit größtem Träger gehört. In diesem Sinn läßt sich das Punktblock-Verfahren als eine Erweiterung der Hierarchischen-Basis-Mehrgittermethode sehen, die deren Nachteil in bezug auf das Konvergenzver-

TABELLE 4

Reduktionsraten für das zu H_k gehörige levelweise Gauß-Seidel-Verfahren (HB-MG).

$v1$	$v2$	$k =$	3	4	5	6	7	8
1	0	ρ	0.549	0.660	0.737	0.794	0.833	0.863
0	1	ρ	0.537	0.648	0.729	0.787	0.827	0.858
1	1	ρ	0.445	0.571	0.659	0.724	0.773	0.810
2	1	ρ	0.424	0.553	0.642	0.710	0.758	0.800
1	2	ρ	0.409	0.538	0.633	0.696	0.749	0.788

halten überwindet. Im Gegensatz zu konventionellem MG bleiben jedoch alle algorithmischen Vorteile der HB-MG-Methode erhalten, insbesondere in bezug auf Parallelisierung und Adaptivität.

In Tabelle 5 führen wir für verschiedene Werte von k die Konditionszahlen und Eigenwerte der Matrix auf, die zu *einem* Punktblock gehört (hier $L_{j,j}$ in (189) im Punkt (0.5,0.5) nach Skalierung mit $diag(L_{j,j})^{-1}$, vergleiche auch (196)). Diese zu einem Punkt gehörigen Blockmatrizen besitzen nicht-negative Einträge und sind positiv definit. Weiterhin zeigen wir den Spektralradius der symmetrischen Gauß-Seidel-Iterationsmatrix für ein Punktblock-Teilsystem.

TABELLE 5

Kondition und SGS-Spektralradius für die Punktblock-Matrix.

$k =$	5	10	15	20	30	40	50	100	200	300
$\lambda_{\min}$	0.2246	0.2061	0.2027	0.2015	0.2007	0.2004	0.2002	0.2001	0.2000	0.2000
$\lambda_{\max}$	2.6356	3.2177	3.4206	3.5125	3.5902	3.6213	3.6367	3.6587	3.6646	3.6657
κ	11.735	15.612	16.873	17.429	17.889	18.070	18.161	18.287	18.321	18.326
ρ^{sgs}	0.4365	0.4426	0.4436	0.4440	0.4442	0.4443	0.4444	0.4444	0.4444	0.4444

Für die Eigenwerte der Punktblock-Matrix erhalten wir für $k \to \infty$ gerade die Werte, die sich in Abschnitt 6.2 mit Hilfe der Toeplitztheorie analytisch ergeben haben. Weiterhin sehen wir, daß die Punktblock-Teilsysteme iterativ durch eine Zahl von SGS-Schritten gelöst werden können, die unabhängig von k ist. SGS konvergiert mindestens mit einer Rate von 0.4444. Eine ähnliches Ergebnis gilt auch für den Spektralradius und die Konvergenzrate von GS.

Die Reduktionsraten des Punktblock-GS-Verfahrens werden in Tabelle 6 aufgeführt. Sie sind unabhängig von k. Die Durchlaufreihenfolge durch die Gitterpunkte ist dabei die gleiche wie im oben beschriebenen Experiment zur HB-MG-Methode. Für $v_1 = 2$ oder $v_2 = 2$ können wir keine Verbesserung der Reduktionsraten mehr beobachten. In bezug auf die Effizienz sind die Fälle $(v_1, v_2) = (0, 1)$ und $(v_1, v_2) = (1, 0)$ am günstigsten. Sie entsprechen gerade einem einfachen Punktblock-GS-Verfahren ohne jegliche innere Wiederholung bestimmter Gitterpunkte.

TABELLE 6

Reduktionsraten für das Punktblock-Gauß-Seidel-Verfahren, exakte Lösung der Punktblock-Teilsysteme.

$v1$	$v2$	$k=$	3	4	5	6	7	8
1	0	ρ	0.132	0.136	0.137	0.145	0.154	0.156
0	1	ρ	0.125	0.133	0.135	0.136	0.139	0.140
1	1	ρ	0.035	0.045	0.051	0.055	0.057	0.058
2	1	ρ	0.032	0.043	0.051	0.054	0.056	0.057
1	2	ρ	0.033	0.055	0.062	0.063	0.065	0.066

Ersetzen wir den exakten Löser für die entstehenden Teilsysteme durch einen SGS-Iterationsschritt, dann erhalten wir die Reduktionsraten von Tabelle 7. Verwenden wir hier nur einen GS-Schritt, dann entartet die Punktblock-GS-Methode zur einfachen GS-Iteration für das semidefinite System in einer speziellen, punktorientierten Durchlaufreihenfolge. Der Rechenaufwand ist vergleichbar mit dem levelorienten GS-Algorithmus. Zu den Raten der ersten und zweiten Reihe von Tabelle 3 besteht kein substantieller Unterschied (max. ein Faktor 2). Deswegen ist die Effizienz des Verfahrens in etwa mit der Effizienz der entsprechenden MG-Methode vergleichbar. Jedoch ist im Gegensatz zur Punktblock-Methode mit exaktem inneren Löser keine Verbesserung der Reduktionsraten im Fall $v_1 = 1, v_2 = 1$ zu beobachten.

Nun betrachten wir die gebietsorientierte Block-GS-Iteration mit streifenweiser Zerlegung und "nested dissection"-Ordnung wie in Abbildung 17 (links) beziehungsweise Abbildung 27 (oben). Die Probleme, die zu den einzelnen Streifen gehören, werden exakt gelöst. Dabei ordnen wir die zu den Streifen gehörigen Blöcke gemäß ihrer Levelnummer (210) absteigend an und durchlaufen die Teilprobleme in dieser Reihenfolge ($v_1 = 1$). Die umgekehrte Durchlaufreihenfolge geben wir mit $v_2 = 1$ an. Die Hintereinanderausführung beider Durchlaufreihenfolgen bezeichnen wir mit $v_1 = v_2 = 1$. Die resultierenden Reduktionsraten zeigt Tabelle 8. Die Raten wachsen mit steigendem k noch etwas an. Sie sind

TABELLE 7

Reduktionsraten für das Punktblock-Gauß-Seidel-Verfahren, inexakte Lösung der Punktblock-Teilsysteme durch einen SGS-Schritt.

$v1$	$v2$	$k=$	3	4	5	6	7	8
1	0	ρ	0.210	0.245	0.265	0.284	0.294	0.299
0	1	ρ	0.133	0.194	0.234	0.263	0.279	0.288
1	1	ρ	0.173	0.218	0.248	0.271	0.288	0.301
2	1	ρ	0.162	0.208	0.240	0.264	0.282	0.294
1	2	ρ	0.159	0.205	0.237	0.261	0.280	0.294

aber wahrscheinlich trotzdem für genügend große Werte von k durch eine Konstante beschränkt. Jedoch ist im Vergleich zu den Ergebnissen von Tabelle 6 keine Verbesserung, sondern vielmehr eine leichte Verschlechterung der Reduktionsraten zu beobachten. Im Vergleich zur Punktblock-GS-Methode ist deswegen die exakte Lösung der Teilprobleme auf den Streifen nicht notwendig und weniger effizient. Sie läßt sich durch eine oder zwei Punktblock-GS-Iterationen auf den zu den jeweiligen Streifen gehörigen Teilproblemen ersetzen. Dies würde zu einer Punktblock-GS-Methode mit leicht anderer Durchlaufreihenfolge (rekursiv streifenweise) als bisher führen. Alternativ dazu können wir hier auch lediglich einfache GS-Schritte einsetzen und erhalten ein konventionelles Gauß-Seidel-Verfahren mit spezieller gebietsorientierter Durchlaufreihenfolge. Dann wissen wir, daß die Konvergenzrate von der Maschenweite unabhängig ist, und wir haben auf jeden Fall ein effizientes Verfahren.

TABELLE 8

Reduktionsraten für die streifenweise gebietszerlegte Block-Gauß-Seidel-Iteration.

$v1$	$v2$	$k=$	3	4	5	6	7	8
1	0	ρ	0.076	0.145	0.188	0.210	0.225	0.229
0	1	ρ	0.077	0.152	0.184	0.203	0.216	0.223
1	1	ρ	0.053	0.113	0.140	0.164	0.174	0.179

Nun betrachten wir das Konvergenzverhalten der verschiedenen Algorithmentypen für allgemeinere Gebiete. Wir wählen dabei das L-förmige Gebiet $\Omega_L = (0,1)^2 \backslash [0,0.5]^2$ und das Schlitz-Gebiet $\Omega_S = (0,1)^2 \backslash [0,0.5] \times [0.5,0.5]$. Die Ergebnisse für das L-Gebiet zeigt Tabelle 9. Es werden analog zu Tabelle 2 die Eigenwerte und verallgemeinerten Konditionszahlen der Jacobi-vorkonditionierten Matrix $C^{E_k,J}L^{E_k}$ aufgeführt, die die Konvergenz der gradientenorientierten Iterationsverfahren bestimmen. Weiterhin zeigen wir analog zu Tabelle 3 die gemessenen Reduktionsraten ρ^{MG} für das zu E_k gehörige levelweise Gauß-Seidel-Verfahren mit $v_1 = v_2 = 1$ (MG) und analog zu Tabelle 6 die gemessenen Reduktionsraten ρ^{PB} für das Punktblock-Gauß-Seidel-Verfahren mit exakter Lösung der Punktblock-Teilsysteme bei $v_1 = v_2 = 1$.

TABELLE 9
Konvergenzergebnisse für verschiedene Algorithmen für das L-Gebiet.

$k =$	3	4	5	6	7	8	9
$\tilde{\lambda}_{\min}$	0.68	0.65	0.63	0.61	0.59	0.58	0.58
$\lambda_{\max}$	1.97	2.50	2.89	3.20	3.46	3.66	3.85
$\tilde{\kappa}$	2.89	3.84	4.59	5.24	5.86	6.31	6.64
it^{CG}	11.7	16.8	19.3	20.4	21.8	22.4	23.2
ρ^{CG}	0.139	0.254	0.303	0.323	0.348	0.358	0.370
ρ^{MG}	0.032	0.049	0.066	0.080	0.091	0.099	0.106
ρ^{PB}	0.160	0.157	0.154	0.154	0.154	0.154	0.154

Die entsprechenden Ergebnisse für das Schlitz-Gebiet führen wir in Tabelle 10 auf.

TABELLE 10
Konvergenzergebnisse für verschiedene Algorithmen für das Schlitz-Gebiet.

$k =$	3	4	5	6	7	8	9
$\tilde{\lambda}_{\min}$	0.62	0.57	0.53	0.49	0.47	0.45	0.43
$\lambda_{\max}$	1.98	2.48	2.89	3.21	3.46	3.67	3.85
$\tilde{\kappa}$	3.19	4.35	5.45	6.55	7.36	8.15	8.95
it^{CG}	13.1	17.5	20.0	21.2	22.4	23.4	24.2
ρ^{CG}	0.172	0.268	0.316	0.337	0.358	0.374	0.386
ρ^{MG}	0.043	0.082	0.117	0.146	0.171	0.192	0.208
ρ^{PB}	0.198	0.201	0.206	0.213	0.220	0.227	0.233

Es ist zu beobachten, daß $\lambda_{\max}$ für alle Gebiete mehr oder weniger gleich bleibt, $\tilde{\lambda}_{\min}$ hingegen von der Gebietsform beeinflußt wird. Weiterhin sehen wir, daß

ρ^{PB} zwar abhängig von der Gebietsform etwas schlechter wird, jedoch nicht von k abhängt. Die Werte von ρ^{MG} sind genauso von der Gebietsform abhängig, sie steigen jedoch noch für wachsendes k. Aus der Theorie wissen wir aber, daß auch ρ^{MG} beschränkt sein muß. Für größer werdendes k scheint sich ρ^{MG} zumindest für das Schlitzgebiet von unten an den Wert ρ^{PB} anzunähern.

Bisher haben wir nur das Modellproblem $L = \Delta$ betrachtet. Die verschiedenen Gauß-Seidel-artigen Iterationsverfahren wurden aber auch für den Fall eines allgemeinen elliptischen Differentialoperators zweiter Ordnung mit *ortsabhängigen* Koeffizientenfunktionen implementiert. Die Diskretisierung erfolgt dabei durch die konventionelle Finite-Elemente-Methode mit bilinearen quadratischen Elementen. Die auf gröberen Gittern notwendigen Matrizen bzw. Sterne werden durch Galerkin-Vergröberung aus den Feingittermatrizen bestimmt. Für die Prolongation und Restriktion werden die bilineare Interpolation und deren Adjungierte hergenommen.

Um dies zu demonstrieren, betrachten wir abschließend in $\Omega = (0,1)^2$ das Problem

$$(224) \qquad -\frac{\partial}{\partial x}\left(2^{(x+y-1)}\frac{\partial}{\partial x}u(x,y)\right) - \frac{\partial^2}{\partial y^2}u(x,y) + (x+y)\cdot u(x,y) = f(x,y)$$

mit Dirichlet-Randbedingungen. Der zugehörige Operator ist immer noch stark elliptisch. Die Reduktionsraten verschiedener Verfahren werden in Tabelle 11 gezeigt.

TABELLE 11

Reduktionsraten für das zu E_k gehörige Gauß-Seidel-Verfahren und das Punktblock-Gauß-Seidel-Verfahren für Problem (224).

$v1$	$v2$	$k =$	3	4	5	6	7	8
1	1	ρ^{MG}	0.026	0.031	0.045	0.060	0.074	0.087
1	1	ρ^{PB}	0.047	0.073	0.095	0.102	0.107	0.110

Im Fall stärker von der Elliptizität abweichender Operatoren ergeben sich aber für alle Verfahren die schon von Mehrgitteralgorithmen her bekannten Robustheitsprobleme. Dies werden wir in einem späteren Kapitel genauer betrachten. Zunächst wenden wir uns im folgenden der Parallelisierung der verschiedenen Verfahren zu.

9 Zur Parallelisierung

Bisher haben wir die Konvergenzeigenschaften der verschiedenen Algorithmentypen und die Zahl der Operationen betrachtet, die notwendig sind, um einen Iterationsschritt sequentiell auszuführen. Dabei war die Konvergenzrate meist von n^{E_M} unabhängig. Um die Lösung des diskreten Problems bis auf eine vorgegebene Genauigkeit ε zu bestimmen, ist somit eine Zahl von Iterationsschritten auszuführen, die zwar von ε, jedoch nicht von n^{E_M} abhängig ist. Weiterhin war es für alle betrachteten Algorithmen möglich, eine effiziente Implementierung zu finden, so daß pro Iterationsschritt lediglich $\mathcal{O}(n^{E_M})$ Rechenoperationen notwendig sind. Unter diesem Gesichtspunkt sind Multilevelalgorithmen optimal.

Eine weitere Verbesserung ist nun durch die Implementierung auf Parallelrechnern möglich. Dann werden bestimmte Arbeitsschritte gleichzeitig ausgeführt, was die Ausführungszeiten verkürzen kann.

Im folgenden wollen wir dazu Multiprozessor-Maschinen der MIMD-Klasse mit lokalem Speicher betrachten, deren Prozessoren durch Message-Passing-Mechanismen miteinander kommunizieren. Dazu zählen etwa Transputersysteme, Hypercube-Architekturen wie Intels iPSC860 und der nCube2, aber auch Netzwerke von Arbeitsplatzrechnern oder Maschinen mit virtuell gemeinsamem Speicher wie die KSR-1.

Theoretisch lassen sich einfache Multilevelalgorithmen im Standardverfeinerungsfall bei genügend großer Anzahl von Prozessoren mit einer parallelen Komplexität von $\mathcal{O}(\log n^{E_M})$ realisieren [30]. In der Praxis begegnen wir jedoch folgender Schwierigkeit: Die Ausführungszeit einer Gleitpunktoperation ist im allgemeinen um mehrere Größenordnungen kleiner als die Zeit, die für das Übertragen einer Gleitpunktzahl zwischen zwei Prozessoren notwendig ist. Zudem benötigt allein der Aufbau einer Verbindung zwischen zwei Prozessoren, die sogenannte Startup-Phase der Kommunikation, abhängig von der Prozessortopologie und dem Betriebssystem fast so viel Zeit wie die Übertragung von etwa einem kByte Daten. Bei Netzwerken von Arbeitsplatzrechnern ist das Verhältnis sogar noch viel ungünstiger. Beispiele für die praktisch gemessene Rechenleistung verschiedener Prozessoren sowie für Übertragungsraten und Startup-Zeiten sind für uns zugängliche MIMD-Parallelrechner und Rechnernetze in Tabelle 12 gegeben. Bei der Messung der Rechenleistung wurden der Linpack-Benchmark sowie ein Mehrgittercode zur Lösung der Laplace-Gleichung herangezogen. Die schlechteren Werte ergaben sich naturgemäß für den Mehrgittercode. Die theoretisch mögliche Peak-Leistung und die tatsächlich gemessene Leistung unterscheiden sich, abhängig von CPU, Compiler und Code, um einen Faktor 3-10. Bei der Messung der Übertragungsraten wurden benachbarte Prozessoren hergenommen.

TABELLE 12
Gemessene Rechenleistung pro CPU, Übertragungsraten zwischen benachbarten Prozessoren und Startup-Zeiten von MIMD-Parallelrechnern und Netzwerken von Arbeitsplatzrechnern.

	nCube2	Parsytec T800 (25MHZ)	Parsytec T805 (30MHZ)	iPSC/860	KSR-1	HP9000/720 und Ethernet
MFlop/Sek[1]	0.78	0.46	0.56	9.7	15	18
MFlop/Sek[2]	0.75	0.26	0.30	1.95	4.8	5.5
MByte/Sek	2.2	1.3	1.4	1.9[f]	6.5[i]	0.8-1.0
Startup in μSek	140	1340[a] 180[b] 56[c]	50[d] 39[e]	600[f] 318[g] 67[h]	142[i]	0.1 Sek[j] 0.02 Sek[k] 500[l]

[1]Linpack100, [2]Mehrgitter, [a]Helios, [b]message ports, [c]dump links, [d]PARIX 1.0, [e]PARIX 1.1, [f]MMK/860, [g]NX2/iPSC/2, [h]NX2/860, [i]message passing, [j]PVM, [k]Parform, [l]TCP/IP

Bei der Parallelisierung eines Algorithmus ist deswegen auf ein ausgewogenes Verhältnis zwischen Rechenarbeit und Kommunikationsanforderung zu achten. Dazu sind zu verschickende Daten in möglichst große Pakete zusammenzufassen, die Zahl der Kommunikationsschritte ist so gering wie möglich zu halten.

Im folgenden vergleichen wir die Parallelisierungsaspekte der level- und der punktorientierten Algorithmen. Dabei stellt sich heraus, daß der punktorientierte Ansatz Vorteile für die Praxis bietet. Die Zahl der Kommunikationsschritte ist im Vergleich zum levelorientierten Vorgehen erheblich reduziert.

9.1 Parallelisierung levelartiger Algorithmen

Eine effiziente Implementierung levelorientierter Mehrgitterverfahren setzt sich im allgemeinen aus dem Glätter, dem Restriktionsoperator und dem Prolongationsoperator zusammen. Analoges gilt für den levelweise implementierten BPX-Vorkonditionierer. Bei der Parallelisierung eines Multilevelverfahrens wird, der Gebietszerlegungsidee folgend, Ω in P mehr oder weniger gleich große Teilgebiete unterteilt. Jedem Prozessor wird nun ein Teilgebiet mit seinen

Gitterpunkten des feinsten Levels und aller gröberer Level zugeordnet. Dabei kommen üblicherweise array-, baum- und pyramidenartige Prozessortopologien zum Einsatz [75].

Die in einem Mehrgitterverfahren vorkommenden Operationen lassen sich dann bis zu einem gewissen Punkt in jedem Teilgebiet unabhängig voneinander und damit parallel ausführen. Dies gilt insbesondere für Gitterpunkte, die abhängig vom jeweiligen Level genügend weit im Inneren eines Teilgebiets liegen. Jedoch für Punkte, die relativ zum jeweiligen Level in der Nähe eines Teilgebietrandes liegen, sieht die Situation anders aus. Hier sind in der Regel Daten von benachbarten Gitterpunkten notwendig, die jetzt auch in einem benachbarten Teilgebiet liegen können und damit auf einem anderen Prozessor gehalten werden. Dann ist ein Austausch von Daten zwischen benachbarten Prozessoren notwendig.

Um beispielsweise die Jacobi-Glättungsoperation auch für die randnahen Gitterpunkte eines Teilgebiets ausführen zu können, werden üblicherweise die notwendigen benachbarten Gitterpunkte, die nicht mehr im jeweiligen Teilgebiet liegen, zusätzlich in einer Art Randbordüre auch auf diesem Prozessor gehalten. Die Teilgitter benachbarter Teilgebiete überlappen sich dann um eine Maschenweite des jeweiligen Levels. Hat nun ein Glättungsschritt parallel in jedem Teilgebiet stattgefunden, müssen die neu berechneten Werte der überlappenden Ränder ausgetauscht werden, bevor ein weiterer Glättungsschritt erfolgen kann. In analoger Weise müssen etwa bei einem Vierfarb-Gauß-Seidel-Glätter bereits nach jedem zu einer Farbe gehörigen Glättungsteilschritt Daten kommuniziert werden. Ein Beispiel für solch eine Randbordüre ist in Abbildung 20 dargestellt.

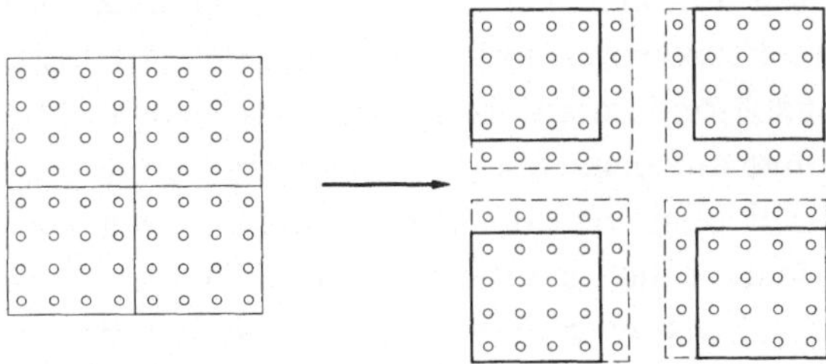

ABB. 20: *Überlappende Randbordüre bei der Partitionierung des Gitters.*

Damit ist deutlich geworden, daß bei der Parallelisierung des Glätters eines

Mehrgitterverfahrens auf *jedem* Level Daten ausgetauscht werden müssen, um den Glättungsprozeß nicht zu verändern. Wird dies nicht sichergestellt, dann degeneriert jedes Glättungsverfahren zur Block-Jacobi-Iteration, bei der innerhalb der einzelnen zu einem Teilgebiet gehörenden Blöcke lokale Glättungsschritte ausgeführt werden. Dies kann die Effizienz des Mehrgitterverfahrens beeinträchtigen. Man vergleiche auch McBryan et al. [75] oder Mierendorff und Trottenberg [79], [80].

In ähnlicher Weise lassen sich die parallele Berechnung des Residuums auf einem Level sowie die Restriktionen und Prolongationen von Level zu Level realisieren. Speziell für die effiziente Berechnung des Residuums und dessen anschließende Restriktion sollte der überlappende Bereich benachbarter Teilgitter jetzt jedoch eine Breite von zwei Maschenweiten haben. Dann kann die Residuumsbildung *zusammen* mit der anschließenden Restriktion auf jedem Prozessor unabhängig ausgeführt werden, ohne daß dabei Daten ausgetauscht werden müssen. Trotzdem sind vor der Berechnung des Residuums und nach dem Prolongationsschritt auf jedem Level in einem Kommunikationsschritt Daten zwischen benachbarten Prozessoren auszutauschen. Ist nur ein Überlappungsbereich mit einer Maschenweite vorgesehen, dann muß bereits direkt nach der Berechnung des Residuums vor der Restriktion ein weiterer Kommunikationsschritt stattfinden. Eine detaillierte Beschreibung dieser Parallelisierungtechniken für Mehrgitterverfahren findet man in Brandt [24], Hempel und Schüller [60] oder McBryan et al. [75]. Auch die in Hackbusch [52], [53] vorgestellte Gebietszerlegungs-Mehrgittermethode erlaubt die Parallelisierung des Glätters. Jedoch ist auch hier ein Datenaustausch auf jedem Level notwendig.

Ein weiterer Flaschenhals bei der Parallelisierung von Mehrgitterverfahren tritt auf den gröberen Leveln auf. Die hier entstehenden Gitter bestehen aus wenigen Punkten, so daß nur wenige Prozessoren beschäftigt werden können und die größte Zahl der Prozessoren brachliegt. In einer arrayartigen Prozessortopologie kommen insbesondere auf gröberen Gittern benachbarte Gitterpunkte nicht mehr unbedingt auf benachbarte Prozessoren zu liegen. Kommunikation muß dann sequentiell über mehrere Prozessoren hinweg stattfinden und wird zeitintensiver. Zudem ist die Last nicht gleichmäßig auf die verschiedenen Prozessoren verteilbar. Durch eine Zerlegung des Gebiets können im allgemeinen nicht immer gleich große Teilgitter erzeugt werden. Dieses Ungleichgewicht wirkt sich abhängig von P insbesondere auf gröberen Leveln aus. Ein Beispiel dazu sehen wir in Abbildung 21.

Deswegen hat es sich als günstig erwiesen, die Grobgitterprobleme ab einem

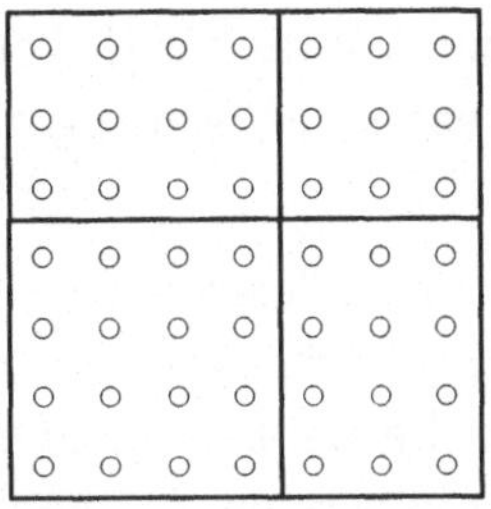

ABB. 21: *Ungleiche Lastverteilung (9:16) auf den groben Gittern.*

gewissen Level auf eine kleinere Zahl von Prozessoren zusammenzufassen und zu bearbeiten. Währenddessen bleiben die restlichen Prozessoren untätig. Solche Agglomerationstechniken werden beispielsweise in Hempel und Schüller [60] diskutiert.

Im Fall einer *levelweisen* Implementierung des BPX-Vorkonditionierers, wie sie in Bornemann, Erdmann und Kornhuber [15] oder Bey [11] verwendet wird, treten bei der Parallelisierung prinzipiell die gleichen Probleme auf. Es entfällt zwar die Parallelisierung des Glätters, trotzdem bleibt wegen der verwendeten Restriktions- und Prolongationsoperatoren die Notwendigkeit eines Datenaustausches zwischen benachbarten Prozessoren auf *jedem* Level erhalten. Zudem müssen das Verfahren der konjugierten Gradienten und damit eine Matrix-Vektormultiplikation, drei Vektoradditionen und die Berechnung von zwei Skalarprodukten auf dem feinsten verwendeten Gitter parallelisiert werden. Durch rekursive Rückführung der Skalarprodukte des i-ten Iterationsschritts auf Terme, die im $i-1$-ten Schritt berechnet wurden [115], ist es möglich, die Berechnung der Skalarproduke und des BPX-Vorkonditionieres miteinander zeitlich zu verzahnen. Dies wird detailliert in Bey [11] ausgeführt. Dort findet man auch eine genaue Analyse der Parallelisierung des BPX-Vorkonditionierers auf einer Reihe von MIMD-Parallelrechnern. Zentrales Ergebnis sind die Komplexitätsabschätzungen $\mathcal{O}(\log P) + \mathcal{O}(n^{E_M}/P)$ für den parallelen Rechenaufwand und $\mathcal{O}(\log n^{E_M}) + \mathcal{O}((n^{E_M}/P)^{3/2})$ für den parallelen Kommunikationsaufwand im Fall uniformer Gitterverfeinerung. Stehen genügend Prozessoren zur Verfügung, d.h. gilt $P \approx n^{E_M}$, dann ergibt sich wie schon beim Mehrgitterverfahren die parallele Gesamtkomplexität $\mathcal{O}(\log n^{E_M})$. Weitere Ansätze zur Parallelisierung des BPX-Verfahrens findet man in Bramble, Pasciak und Xu [22], Leinen [70] und Zumbusch [132]. Insbesondere in Bramble, Pasciak und Xu [22] sowie Zumbusch [132] wird alternativ zu Bey [11] und Bornemann, Erdmann und Kornhuber [15] eine allgemeinere, nicht auf der levelartigen Denkweise basierende Realisierung des BPX-Vorkonditionierers in Erwägung gezogen.

Fassen wir zusammen: Bei der Parallelisierung von levelweise arbeitenden Verfahren ist Kommunikation auf *jedem* Level notwendig. Weiterhin ergeben sich bei Berechnungen auf gröberen Leveln Probleme mit der Auslastung der Prozessoren. Zudem kann es notwendig werden, Daten über mehrere Prozessoren hinweg auszutauschen. Theoretisch ist eine parallele Komplexität von $\mathcal{O}(\log n^{E_M})$ zu erreichen, wenn genügend Prozessoren $P \approx n^{E_M}$ zur Verfügung stehen. In der Praxis ist dies jedoch im allgemeinen nicht der Fall. Hier gilt $P \ll n^{E_M}$, und die Gesamtrechenzeit einer Parallelimplementierung des Multilevelverfahrens ist unter Umständen stark von der Zahl der Kommunikationsschritte und der Kommunikationsleistung des Parallelrechners abhängig.

Diesen Sachverhalt wollen wir nochmals an einem einfachen eindimensionalen Beispiel deutlich machen. In Abbildung 22 sehen wir die Gitterhierarchie für den Fall $l_{\max} = 5$ und ihre Aufteilung auf $P = 3$ Prozessoren. Pfeile zeigen die für das levelweise Verfahren notwendigen Kommunikationsschritte schematisch an.

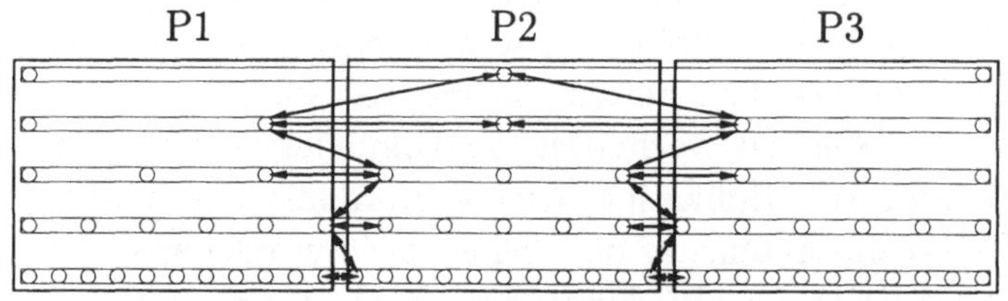

ABB. 22: *Schematische Aufteilung des levelorientierten Verfahrens auf 3 Prozessoren.*

Dabei wird deutlich, daß aufgrund der levelweisen Ausführung des Verfahrens die Zahl der notwendigen Kommunikationsschritte von der Ordnung $\mathcal{O}(l_{\max})$ ist, wohingegen die Größe der in unserem Beispiel zu kommunizierenden Daten $\mathcal{O}(1)$ beträgt.

9.2 Parallelisierung punkt- und gebietsorientierter Algorithmen

Nun betrachten wir die Parallelisierung der punkt- und gebietsorientierten Verfahren. Um die zugrunde liegende Strategie und die Anforderungen an Kommunikation sowie verteilte Speicherung deutlich zu machen und die Unterschiede zu levelweise arbeitenden Methoden aufzuzeigen, beschränken wir uns zunächst auf den einfachen eindimensionalen Fall. Im punktorientierten Verfahren von Abschnitt 6 werden die Unbekannten aller zu einem Punkt gehörigen Funktionen aus E_M zusammengefaßt und gemeinsam behandelt. Bei der Parallelisierung dieses Verfahrens wollen wir nach dem "Divide et Impera"-Prinzip vorgehen. Dazu weisen wir in einem ersten Schritt den Mittelpunkt des Gebiets mit seinen Freiheitsgraden und zugehörigen Daten (Lösungwerte, rechte Seiten, diverse Residuenanteile) einem Prozessor P1 zu. Die verbleibenden Gitterpunkte und ihre Freiheitsgrade zerfallen dann in zwei unabhängige Teilmengen, die wir zwei weiteren Prozessoren (P2, P3) zuweisen wollen. Insgesamt erhalten wir die in Abbildung 23 dargestellte konzeptionelle Zuordnung. Wiederum zeigen die Pfeile die notwendigen Kommunikationsschritte schematisch an.

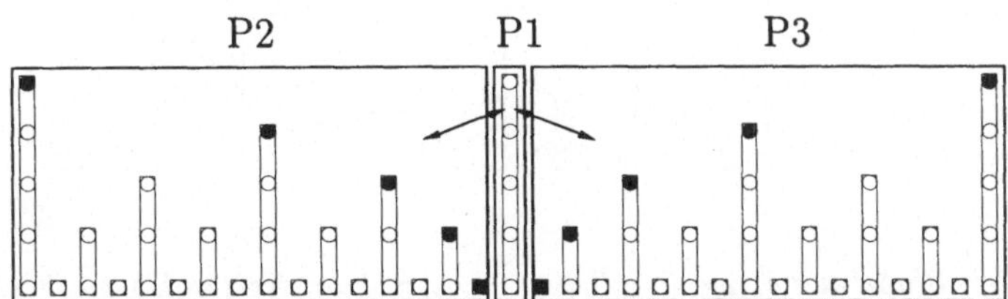

ABB. 23: *Schematische Aufteilung des punktorientierten Verfahrens auf 3 Prozessoren.*

Zunächst werden auf den Prozessoren P2 und P3 die zum linken und rechten Teilgitter gehörigen Freiheitsgrade des semidefiniten Systems gleichzeitig relaxiert. Dann werden die notwendigen Daten (die zugeordneten Gitterpunkte sind in Abbildung 23 mit • gekennzeichnet) zum Prozessor P1 geschickt, so daß dort die zum Mittelpunkt gehörigen Unbekannten relaxiert oder exakt bestimmt werden können. Die damit erhaltenen neuen Werte werden wieder den Prozessoren P2 und P3 mitgeteilt, und der Zyklus kann von vorne beginnen.

Jetzt wird ein erster Unterschied zum levelweisen Vorgehen von Abbildung 22 deutlich: Zwar können lediglich die zwei Prozessoren P2 und P3 gleichzeitig arbeiten, und sie müssen, wenn auf Prozessor P1 gerechnet wird, auf dessen Ergebnis warten. Jedoch sind nur zwei (gleichzeitige) Kommunikationsschritte unabhängig von $l_{\max}$ notwendig. Man sieht direkt, daß für unser Beispiel mit drei Prozessoren die Zahl der Kommunikationsschritte nur von der Ordnung $\mathcal{O}(1)$ ist. Hingegen ist die Größe der auszutauschenden Daten $\mathcal{O}(l_{\max})$. Im Gegensatz zum levelweisen Vorgehen von Abbildung 22 erlaubt das punktweise Vorgehen also, die größere Menge von Daten mehrerer Level zusammenzufassen und *gemeinsam* in einem Kommunikationsschritt auszutauschen.

Stehen mehr als drei Prozessoren zur Verfügung, dann können wir das linke und das rechte Teilproblem *rekursiv* weiter unterteilen. Wir erhalten in natürlicher Weise eine binärbaumartige Parallelisierungsstruktur. Jeder Knoten enthält die zum jeweiligen Punkt zugeordneten Punktblock-Teile. In den Blättern stecken die zu den feinsten Teilgebieten gehörigen Teilprobleme. Der Punktblock-Algorithmus durchwandert diesen Binärbaum levelweise. Dabei arbeiten die Prozessoren jedes Levels parallel. Dies ist schematisch in Abbildung 24 dargestellt.

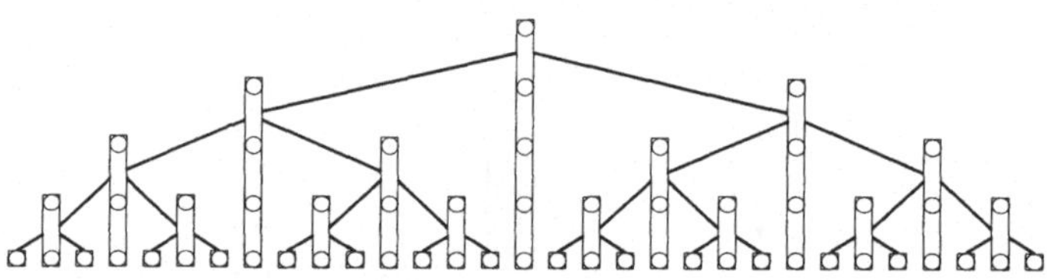

ABB. 24: *Binärbaumartige Parallelisierungsstruktur des Punktblock-Verfahrens.*

Um nun trotz rekursiver Unterteilung die Versorgung aller Knoten über mehrere Level mit notwendigen Daten zu ermöglichen, genügt es nicht mehr, lediglich die Daten zwischen Vater- und Sohn-Prozessoren auszutauschen, die zu den in Abbildung 23 mit • gekennzeichneten Punkte gehören. Beispielsweise sind zur Rechnung auf einem Level l (hier $l = 2$) die in Abbildung 25 (unten) mit • gekennzeichneten Punkte mit ihren zugehörigen Daten notwendig. Zur Rechnung auf dem Level $l-1$ sind jedoch die in Abbildung 25 (oben) mit • gekennzeichneten Werte notwendig.

Aus diesem Grund müssen in jedem Knoten neben den zur lokalen Rechnung benötigten Daten auch noch einige zusätzliche Werte gespeichert und mitgeführt werden, die den Vater-Prozessoren mitgeteilt werden. Die den ins-

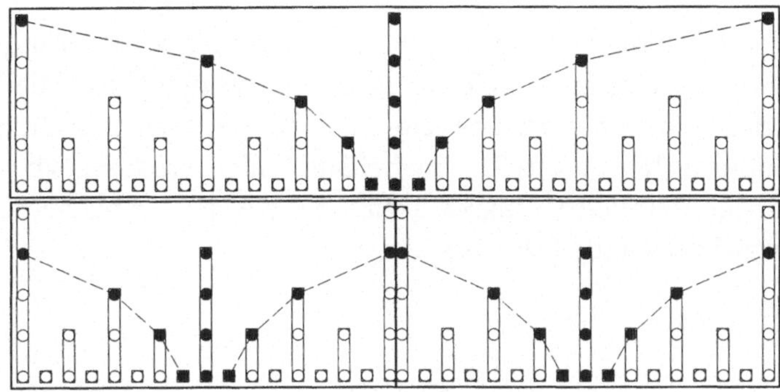

Abb. 25: *Punkte pro Prozessor, die den zur Rechnung notwendigen Daten zugeordnet sind.*

gesamt notwendigen Daten zugeordneten Punkte auf Level l sind in Abbildung 26 dargestellt.

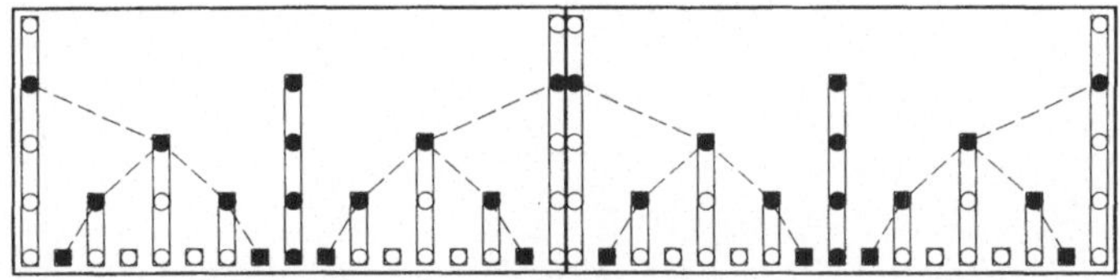

Abb. 26: *Punkte pro Prozessor, die den zur Rechnung und zur Kommunikation notwendigen Daten zugeordnet sind.*

Die zusätzlichen Punkte führen lediglich etwa zu einer Verdoppelung der in jedem Knoten zu speichernden Daten und ziehen auch nur eine Verdoppelung der Größe der zu verschickenden Datenpakete nach sich. Sowohl der Speicherplatz als auch der Rechenaufwand sowie der gesamte Kommunikationsaufwand eines Knotens des Levels l bleiben proportional zu $l_{\max} - l + 1$.

Dieses "Divide et Impera"-Vorgehen bei der Parallelisierung läßt sich analog auf den zweidimensionalen Fall übertragen. Zunächst teilen wir das Gebiet Ω längs der Mittellinie und weisen den zugeordneten Teil des semidefiniten Systems mit seinen notwendigen Daten einem ersten Prozessor zu. Dadurch zerfällt das verbleibende Restsystem in zwei voneinander unabhängige Teile, die parallel behandelt werden können. Das linke und rechte Teilsystem lassen sich nun wiederum rekursiv weiter unterteilen.

Findet die Unterteilung stets in der gleichen Richtung statt, erhalten wir eine streifenartige Zerlegung des Problems. Alternativ dazu läßt sich die Zerlegungsrichtung auch in jedem Schritt abwechseln. Dann ergeben sich Unterteilungen, wie in Abbildung 27 dargestellt. In beiden Fällen erhalten wir wieder eine binärbaumartige Parallelisierungsstruktur, bei der die Probleme der einzelnen Level gleichzeitig behandelt werden können.

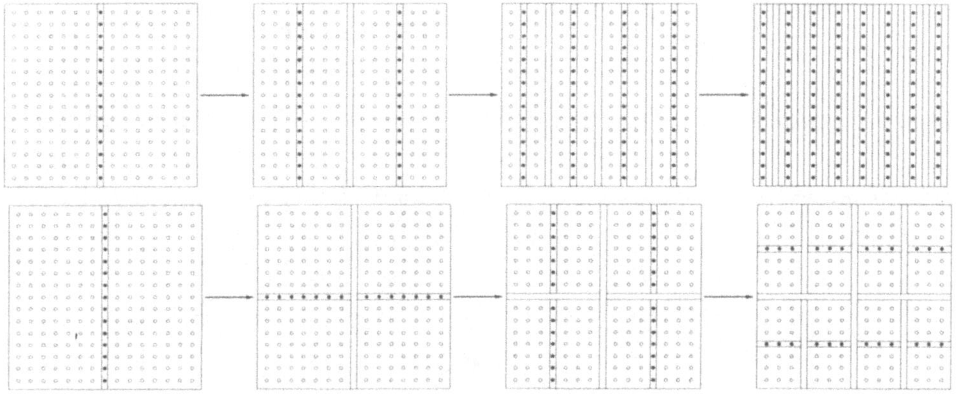

ABB. 27: *Streifenweise Zerlegungen: gleichförmige und alternierende Richtungen.*

Alternativ dazu läßt sich das Gebiet mit Hilfe eines separierenden Kreuzes rekursiv in jeweils vier Teilgebiete zerlegen, und wir erhalten eine quartärbaumartige Parallelisierungsstruktur. Dieses Vorgehen ist in Abbildung 28 illustriert.

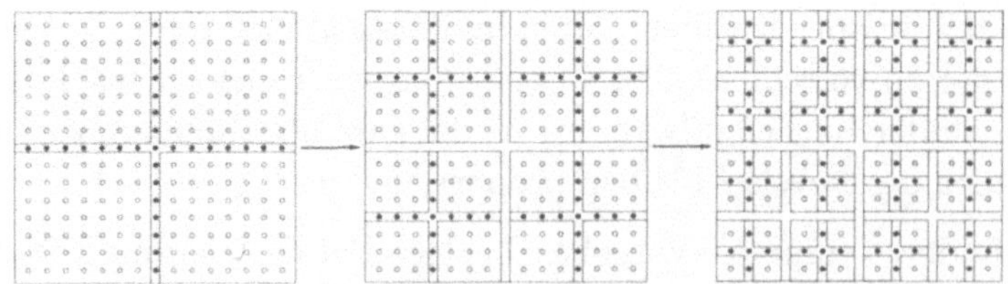

ABB. 28: *Rekursive Zerlegung mit Kreuz-Separatoren.*

Verallgemeinerungen der Separatorform sind möglich und führen zu komplexeren Baumstrukturen für die Parallelisierung. Aus Gründen der Effizienz ist man aber bemüht, der Wurzel des Baumes möglichst kleine Probleme zuzuweisen. Deswegen ist die zuerst vorgestellte rekursive Zerlegung in je zwei Teilgebiete vorteilhaft. In jedem Fall erhalten wir gerade Zerlegungen, die die Forderung (209) erfüllen. Das zugrunde liegende Parallelisierungsprinzip läßt sich direkt auf höhere Dimension verallgemeinern.

Wie schon im eindimensionalen Fall sind auch jetzt zur Berechnung der zu den Separatoren gehörigen Teilprobleme Daten benachbarter Punkte relativ zu jedem Level notwendig. Die Punkte, die die zur Rechnung auf dem Level l notwendigen Daten tragen, sind für den Fall streifenweiser Zerlegung exemplarisch in Abbildung 29 (unten) gezeigt. Die Punkte, die den zur Berechnung in einem Knoten des Level $l-1$ notwendigen Daten zugeordnet sind, sehen wir in Abbildung 29 (oben).

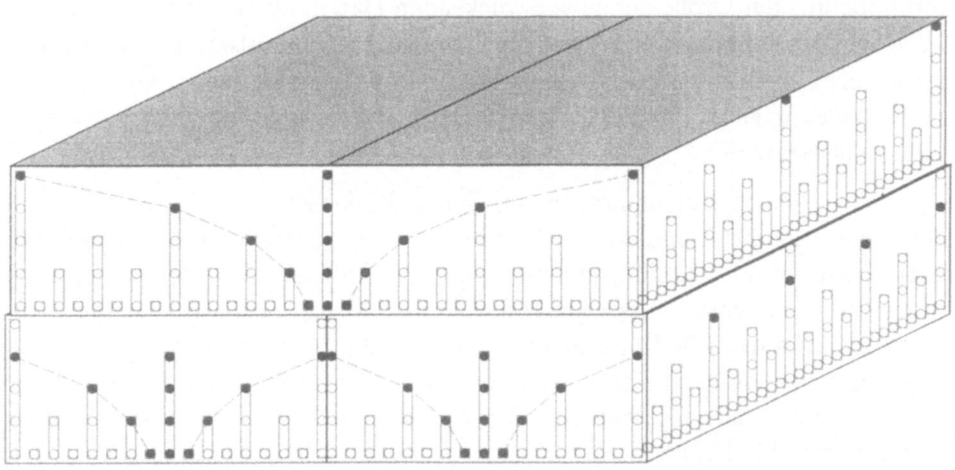

ABB. 29: *Punkte pro Prozessor, die den zur Rechnung notwendigen Daten zugeordnet sind.*

Um nun die Versorgung der Knoten mit Daten über mehrere Level zu gewährleisten, müssen, wie schon im eindimensionalen Fall, die Daten zusätzlicher Punkte gespeichert und ausgetauscht werden. Die insgesamt auf dem Level l zu berücksichtigenden Punkte sehen wir in Abbildung 30.

Wiederum führen diese zusätzlichen Punkte lediglich etwa zu einer Verdoppelung der in jedem Knoten zu speichernden Daten und ziehen auch nur eine

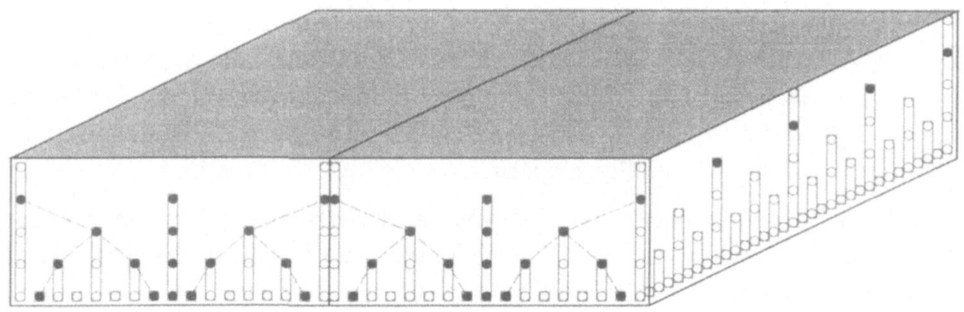

ABB. 30: *Punkte pro Prozessor, die den zur Rechnung und zur Kommunikation notwendigen Daten zugeordnet sind.*

Verdoppelung der Größe der zu verschickenden Datenpakete mit sich. Der Speicherplatz, der Rechenaufwand und der Kommunikationsaufwand eines Knotens des Levels l bleiben proportional zu $(l_{\max} - l + 1)\sqrt{n^{E_M}}$, wie man nach kurzer Überlegung sieht. Analoge Bemerkungen gelten auch für andere rekursive Zerteilungsstrategien.

Durch unser Vorgehen entstehen auf jedem Linienseparator eindimensionale Unterprobleme des semidefiniten Systems. In einem *zweiten* Parallelisierungsschritt lassen sich die Linienprobleme wie im eindimensionalen Beispiel rekursiv weiter zerlegen. Damit entstehen Binärbäume, deren Knoten (die Linien) wiederum Binärbäume (die Punkte) sind. Auch jetzt müssen die Daten der zur Berechnung und Kommunikation über mehrere Level notwendigen Punkte geeignet gespeichert und in geschickter Weise ausgetauscht werden. Dieses Prinzip kann rekursiv für Probleme mit höherer Dimensionalität d eingesetzt werden. Im dreidimensionalen Fall entstehen beispielsweise Separatorflächen, die wiederum in Linien und schließlich in einem dritten Schritt in Punkte zerschlagen werden können. Der über den ersten Parallelisierungsschritt hinausgehende Schritt ist jedoch eher von theoretischem Interesse. Bei bis zu $P \leq \sqrt[d]{n^{E_M}}$ vorhandenen Prozessoren, was in der Praxis im allgemeinen der Fall sein wird, genügt der erste einfachere Parallelisierungsschritt.

Rekursive Binärbaume, bei denen die Knoten wiederum Binärbäume sein können, wurden bereits als Datenstrukturen bei der Implementierung von adaptiven Multilevelverfahren in Bungartz [28] und Balder und Zenger [5] intensiv genutzt. In gleicher Weise tauchen sie jetzt bei der Parallelisierung punkt- und gebietsorientierter Multilevelverfahren wieder auf.

9.3 Aufwandsbetrachtungen

Nun wollen wir Aufwandsabschätzungen für die parallelisierten level- und punktorientierten Algorithmen herleiten und vergleichen. Dabei beschränken wir uns auf den einfachen Fall uniformer Gitterverfeinerung und setzen $n := n^{B_M} = (2^{l_{\max}} - 1)^d$ für die Zahl der Gitterpunkte des feinsten Levels $l_{\max}$.

Der parallele Gesamtaufwand eines Algorithmus auf einem MIMD-Rechner mit P Prozessoren ist in unserem Fall von n und P abhängig und setzt sich zusammen als

$$A(n, P) := c_1 \cdot W(n, P) + c_2 \cdot C(n, P) + c_3 \cdot S(n, P).$$

Dabei bezeichnet $c_1 \cdot W(n, P)$ den parallelen Rechenaufwand, $c_2 \cdot C(n, P)$ den parallelen Kommunikationsaufwand, der zur Datenübertragung nötig ist, und $c_3 \cdot S(n, P)$ die Zahl der Kommunikationsschritte eines parallelisierten Verfahrens. Die Konstanten c_1, c_2 und c_3 sind dabei von der jeweiligen Implementierung, der Leistungsfähigkeit des Parallelrechners und der Topologie der Prozessoren abhängig. $W(n, P)$, $C(n, P)$ und $S(n, P)$ können hingegen ordnungsmäßig davon unabhängig angegeben werden.

Über den Aufwand hinaus ist für einen vernünftigen Vergleich verschiedener paralleler Algorithmen die sogenannte numerische Effizienz entscheidend [34], bei der mit berücksichtigt wird, wie schnell das jeweilige Verfahren die angestrebte numerische Lösung produziert. Da aber die Konvergenzraten des level- und des punktorientierten Verfahrens von n unabhängig sind und sich so die Zahl der Iterationen, die notwendig sind, um die Lösung des Problems bis auf eine vorgegebene Genauigkeit zu berechnen, nicht wesentlich unterscheiden, genügt es für einen Vergleich, die resultierenden Terme $A(n, P)$ zu betrachten.

Zunächst wenden wir uns dem eindimensionalen Fall zu. Natürlich spielen eindimensionale Probleme in der Praxis keine Rolle. Das folgende Beispiel ist aber dienlich, das zugrunde liegende Prinzip zu erläutern. Für den levelweisen Mehrgitteralgorithmus (ohne Agglomeration auf gröberen Gittern) erhalten wir den parallelen Rechenaufwand $W^l(n, P) = \gamma_1 n/P + \gamma_2 \log_2(P) + \gamma_3$ mit geeigneten implementierungsabhängigen Konstanten γ_i. Dies folgt daraus, daß auf allen Prozessoren mindestens ein konventionelles sequentielles Mehrgitterverfahren für ein Teilgebiet der Größe n/P auf den zugehörigen genügend feinen Leveln abzulaufen hat und auf dem Prozessor, dem der Mittelpunkt zugeordnet ist, zudem auf den $\log_2(P)$ gröbsten Leveln dieser Mittelpunkt behandelt werden muß. Der parallele Kommunikationsaufwand und damit die Menge der nicht parallel austauschbaren Daten ist $C^l(n,P) = \gamma_4 \log(n) + \gamma_5$, und die Zahl der (nicht parallel ausführbaren) Kommunikationsschritte ist $S^l(n,P) = \gamma_6 \log(n) + \gamma_7$, mit geeigneten implementierungsabhängigen Konstanten γ_i. Dabei wird das Problem nicht berücksichtigt, daß etwa bei einer arrayartigen Prozessortopologie auf gröberen Gittern unter Umständen Daten über mehrere Prozessoren hinweg ausgetauscht werden müssen. Insgesamt erhalten wir mit $1 < P \leq n$ den parallelen Gesamtaufwand

$$\begin{aligned} A^l(n,P) &:= c_1^l \cdot (\gamma_1 \frac{n}{P} + \gamma_2 \log_2(P) + \gamma_3) + \\ &\quad c_2^l \cdot (\gamma_4 \log_2(n) + \gamma_5) + \\ &\quad c_3^l \cdot (\gamma_6 \log_2(n) + \gamma_7) \\ &= \mathcal{O}(\frac{n}{P}) + \mathcal{O}(\log_2(n)) + \mathcal{O}(\log_2(P)) \\ &\cong \mathcal{O}(\frac{n}{P}) + \mathcal{O}(\log_2(n)) \end{aligned}$$

für das levelweise Mehrgitterverfahren im eindimensionalen Fall.

Beim punktweisen Algorithmus ergibt sich zunächst die Tiefe tp des Prozessorbinärbaums als $tp := \lceil \log_2(P+1) \rceil$. Im jedem Knoten des Levels $l, l = 1, \ldots, tp-1$, sind nun $\mathcal{O}(\log_2(n) - l + 1)$ Operationen auszuführen, wenn eine konstante Zahl von Iterationen für das zu einem Punkt gehörige Teilgleichungssystem verwendet wird. In den Blättern zugeordneten Prozessoren des Binärbaumes sind $\mathcal{O}(n/P)$ Operationen auszuführen. Damit erhalten wir den parallelen Rechenaufwand $W^p(n,P) = \gamma_1 n/P + \gamma_2(tp-1)(\log_2(n) - tp/2 + 1) + \gamma_3$. Analog ergibt sich für die Menge der zu kommunzierenden Daten $C^p(n,P) = \gamma_4(tp-1)(\log_2(n) - tp/2 + 1) + \gamma_5$, da zwischen den Knoten der Level l und $l-1, l = 2, \ldots, tp-1$, Daten der Größenordnung $\mathcal{O}(\log_2(n) - l)$ auzutauschen sind. Die Zahl der (nicht parallel ausführbaren) Kommunikationsschritte ist $S^p(n,P) = \gamma_6(tp-1) + \gamma_7$. Die Konstanten γ_i sind wiederum implementierungsabhängig. Insgesamt ergibt sich jetzt mit $1 < P \leq n$ der parallele Gesamtaufwand

$$\begin{aligned} A^p(n,P) &:= c_1^p \cdot (\gamma_1 \frac{n}{P} + \gamma_2(tp-1)(\log_2(n) - tp/2 + 1) + \gamma_3) + \\ &\quad c_2^p \cdot (\gamma_4(tp-1)(\log_2(n) - tp/2 + 1) + \gamma_5) + \\ &\quad c_3^p \cdot (\gamma_6(tp-1) + \gamma_7) \end{aligned}$$

$$\begin{aligned} &= \mathcal{O}(\frac{n}{P}) + \mathcal{O}(\log_2(n)\log_2(P)) + \mathcal{O}(\log_2(P)^2) + \\ &\quad \mathcal{O}(\log_2(n)) + \mathcal{O}(\log_2(P)) \\ &\cong \mathcal{O}(\frac{n}{P}) + \mathcal{O}(\log_2(n)\log_2(P)) \end{aligned}$$

für den punktorientierten Algorithmus im eindimensionalen Fall.

Wir sehen damit, daß sich theoretisch beim levelweisen Verfahren bei genügend großer Anzahl von vorhandenen Prozessoren mit $P = \mathcal{O}(n)$ eine Komplexität der Ordnung $\mathcal{O}(\log(n))$, beim punktorientierten Verfahren eine Komplexität der Ordnung $\mathcal{O}(\log(n)^2)$ für den Gesamtaufwand ergibt. In der Praxis jedoch spielen die Kommunikationskonstanten c_2 und c_3 eine große Rolle. Sie sind um mehrere Zehnerpotenzen größer als die Rechenaufwandskonstante c_1. Dies gilt insbesondere für die zur Startup-Zeit gehörige Konstante c_3. Ist nun P fest, dann sehen wir den Unterschied zwischen beiden Algorithmen deutlich. Im levelorientierten Verfahren hängt der gesamte parallele Kommunikationsaufwand, also der Aufwand für den (nicht parallel ausführbaren) Datenaustausch und die Zahl der (nicht parallel ausführbaren) Kommunikationsschritte, ausschließlich von n und nicht von P ab. Bei feiner werdender Maschenweite steigt er an.' Beim punktorientierten Verfahren jedoch ist der parallele Gesamtkommunikationsaufwand primär von P abhängig und bleibt bei feiner werdender Maschenweite weitgehend gleich. Dies gilt insbesondere für die Zahl der Kommunikationsschritte. Für praxisrelevante Konstellationen von n und P mit $P \ll n$ sind Zeitvorteile des punktorientierten Verfahrens gegenüber dem Mehrgitterverfahren zu erwarten, selbst wenn die Menge der zu kommunizierenden Daten dabei etwas größer ist.

Nun wenden wir uns dem zweidimensionalen Fall zu. Wir studieren hier das levelweise Gauß-Seidel-Verfahren, das ja der konventionellen Mehrgittermethode entspricht, sowie das gebietsorientierte Gauß-Seidel-Verfahren. Zur Parallelisierung betrachten wir hier exemplarisch nur streifenweise Unterteilungen des feinsten Gitters.

Für das streifenweise parallelisierte, levelweise arbeitende Gauß-Seidel-Verfahren (MG), bei dem das Gebiet Ω und seine Punkte etwa in x-Richtung in P streifenartige Blöcke der Breite $\sqrt{n}/P$ und Länge $\sqrt{n}$ zerlegt wird, erhalten wir mit $1 < P \leq \sqrt{n}$ für den parallelen Gesamtaufwand

$$\begin{aligned} A^l(n,P) &:= c_1^l \cdot (\gamma_1 \frac{n}{P} + \gamma_2 P + \gamma_3) + \\ &\quad c_2^l \cdot (\gamma_4 \sqrt{n} + \gamma_5 P + \gamma_6) + \end{aligned}$$

$$
\begin{aligned}
& c_3^l \cdot (\gamma_7 \log_2(n) + \gamma_8) \\
= \quad & \mathcal{O}(\frac{n}{P}) + \mathcal{O}(\sqrt{n}) + \mathcal{O}(P) + \mathcal{O}(\log_2(n)) \\
\cong \quad & \mathcal{O}(\frac{n}{P}) + \mathcal{O}(\sqrt{n})
\end{aligned}
$$

mit jeweils implementierungsabhängigen Konstanten. Für das gebietsorientierte Gauß-Seidel-Verfahren, das zur linienweise Zerlegung mit gleichförmiger Zerlegungsrichtung wie in Abbildung 27 (oben) gehört, ergibt sich der parallele Gesamtaufwand für $1 < P \leq \sqrt{n}$ zu

$$
\begin{aligned}
A^{g_1}(n, P) \quad := \quad & c_1^{g_1} \cdot (\gamma_1 \frac{n}{P} + \gamma_2 \log_2(P)\sqrt{n} + \gamma_3) + \\
& c_2^{g_1} \cdot (\gamma_4 \log_2(P)\sqrt{n} + \gamma_5) + \\
& c_3^{g_1} \cdot (\gamma_6 \log_2(P) + \gamma_7) \\
= \quad & \mathcal{O}(\frac{n}{P}) + \mathcal{O}(\log_2(P)\sqrt{n}) + \mathcal{O}(\log_2(P)) \\
\cong \quad & \mathcal{O}(\frac{n}{P}) + \mathcal{O}(\log_2(P)\sqrt{n}),
\end{aligned}
$$

und für das gebietsorientierte Gauß-Seidel-Verfahren, das zur linienweisen Zerlegung mit alternierender Zerlegungsrichtung wie in Abbildung 27 (unten) gehört, erhalten wir mit $1 < P \leq (\sqrt{n} + 1)^2/2 - 1$

$$
\begin{aligned}
A^{g_2}(n, P) \quad := \quad & c_1^{g_2} \cdot (\gamma_1 \frac{n}{P} + \gamma_2 \sqrt{n} + \gamma_3) + \\
& c_2^{g_2} \cdot (\gamma_4 \sqrt{n} + \gamma_5) + \\
& c_3^{g_2} \cdot (\gamma_6 \log_2(P) + \gamma_7) \\
= \quad & \mathcal{O}(\frac{n}{P}) + \mathcal{O}(\sqrt{n}) + \mathcal{O}(\log_2(P)) \\
\cong \quad & \mathcal{O}(\frac{n}{P}) + \mathcal{O}(\sqrt{n})
\end{aligned}
$$

mit jeweils verschiedenen Konstanten. Man beachte, daß beim Verfahren mit alternierender Zerlegungsrichtung sogar mehr als $\sqrt{n}$ Prozessoren sinnvoll eingesetzt werden können.

Entscheidend für eine Realisierung auf einem Netz von Arbeitsplatzrechnern ist immer noch, daß beim levelweisen Gauß-Seidel-Verfahren die Zahl der Kommunikationsschritte $\mathcal{O}(\log(n))$ ist, wohingegen sie für die gebietsorientierten Verfahren $\mathcal{O}(\log(P))$ ist. Zwar ist die Menge der nicht parallel austauschbaren Daten beim levelweisen Verfahren und beim zweiten gebietsorientierten Verfahren $\mathcal{O}(\sqrt{n})$, beim ersten gebietsorientierten Verfahren sogar $\mathcal{O}(\sqrt{n}\log(P))$, jedoch spielt dies keine allzugroße Rolle. Ob ein Byte oder ein kByte Daten in einem Schritt auszutauschen sind, macht bei gängigen Parallelrechnern und insbesondere bei Netzen von Arbeitsplatzrechnern (LAN's, WAN's) keinen so großen Unterschied, da die Startup-Zeiten im Verhältnis zur Datenübertragungsrate relativ schlecht sind. Es kommt vielmehr auf die Zahl der Kommunikationsschritte, also auf die Menge herzustellender Verbindungen an. Und für diese Größe bleibt der Vorteil der gebietsorientierten Verfahren erhalten. Die Zahl der Kommunikationsschritte hängt wieder von $\log(P)$ ab, wohingegen sie beim levelweisen Mehrgitterverfahren von $\log(n)$ abhängt. Aus diesem Grund lassen sich für den praxisrelevanten Fall $P \ll \sqrt{n}$ Zeitvorteile erwarten.

Theoretisch resultieren mit $P = \sqrt{n}$ im Mehrgitterfall und beim gebietsorientierten Verfahren mit alternierender Linienzerlegung die Komplexitäten $\mathcal{O}(\sqrt{n})$ für den parallelen Gesamtaufwand. Für das gebietsorientierte Verfahren mit gleichförmiger Linienzerlegung ergibt sich $\mathcal{O}(\sqrt{n}\log(n))$. Wenden wir nun den oben erwähnten zweiten Parallelisierungsschritt an, bei dem jedes Linienproblem eines Prozessorknotens dimensionsrekursiv als Binärbaum von Punktproblemen aufgespannt wird, dann lassen sich noch mehr Prozessoren sinnvoll einsetzen, und es kann eine weitere Beschleunigung der Verfahren erzielt werden.

10 Zur Robustheit

Bisher haben wir einfache Probleme mit symmetrischem, stark elliptischem Operator L betrachtet. Hierfür konnte gezeigt werden, daß die Konvergenzraten der verschiedenen betrachteten Iterationsverfahren von n^{E_M} unabhängig sind. Ist der Operator L jedoch singulär gestört, vergleiche Hackbusch [53], dann treten für die Konvergenz der Verfahren eine Reihe von Schwierigkeiten auf. Dabei bezeichnen wir einen Operator L als singulär gestört, wenn er beispielsweise mit $L = L(\epsilon)$ von einem Parameter $\epsilon > 0$ abhängt und der Grenzoperator $L(0) := \lim_{\epsilon \to 0} L(\epsilon)$ von einem anderen Typ als $L(\epsilon)$ ist, das heißt, wenn $L(\epsilon)$ elliptisch für $\epsilon > 0$ ist, $L(0)$ jedoch nicht mehr elliptisch oder nur noch elliptsch von niedrigerer Ordnung ist [123]. Analoge Phänomene können auch ortsabhängig auftreten. Die Differentialgleichung ist dann in verschiedenen Bereichen des Problemgebiets lokal von verschiedenem Typ. Beispiele solcher Gleichungen sind etwa Probleme mit anisotropen Diffusionskoeffizienten, Konvektions-Diffusionsgleichungen, Helmholtz-Gleichungen, aber auch sogenannte Interface-Probleme mit stark oder sprungartig variierenden Diffusionskoeffizienten.

Zwar ist bei einem einfachen Mehrgitterverfahren oder beim BPX-Vorkonditionierer die Konvergenzrate für festes ϵ im allgemeinen zwar immer noch unabhängig von der Zahl der Feingitterpunkte, sie ist jedoch abhängig von ϵ. Für $\epsilon \to 0$ wird die Konvergenzrate deshalb immer schlechter und nähert sich oft sogar der Eins. Das Verfahren ist also nicht robust und für die Praxis wertlos. Bei bestimmten Problemtypen kann man sogar Divergenz beobachten.

Diese Schwierigkeit wollen wir kurz am Modellproblem der anisotropen Diffusionsgleichung $\epsilon u_{xx} + u_{yy} = f$ in $\Omega = (0,1)^2$, $u = g$ auf $\delta\Omega$, veranschaulichen. Tabelle 13 zeigt für variierende Werte von ϵ die Reduktionsraten der symmetrischen Gauß-Seidel-Iteration über dem resultierenden semidefiniten System, das gerade dem V-Zyklus des Mehrgitterverfahrens mit einfacher Vor- und Nachglättung durch Vierfarb-Gauß-Seidel-Iterationen entspricht. Man vergleiche auch Tabelle 3. Weiterhin sehen wir die Eigenwerte und verallgemeinerten Konditionszahlen des Jacobi-vorkonditionierten semidefiniten Systems. Sie sind äquivalent zu den Zahlen des BPX-Vorkonditionierers in MDS-Implementierung und bestimmen mit (75) die Konvergenzrate des vorkonditionierten CG-Verfahrens. Schließlich sind auch die Reduktionsraten des Punktblock-Verfahrens mit exakter Punktblock-Lösung sowie mit einer inneren SGS-Iteration analog zu Tabelle 6 und Tabelle 7 mit $v_1 = v_2 = 1$ aufgeführt.

TABELLE 13
Reduktionsraten, Eigenwerte und Kondition für anisotropes Diffusionsproblem, $k = 5$.

ϵ	1	0.5	0.25	10^{-1}	10^{-2}	10^{-4}	10^{-6}	10^{-8}	10^{-10}
$\tilde{\lambda}_{\min}$	0.76	0.51	0.30	0.138	0.0196	0.00272	0.00244	0.00242	0.00242
$\lambda_{\max}$	3.1	3.8	4.1	5.17	5.6	5.7	5.7	5.7	5.7
$\tilde{\kappa}$	4.1	7.5	15.3	37.5	286	2095	2336	2355	2355
ρ^{CG}	0.338	0.465	0.593	0.719	0.685	0.957	0.959	0.960	0.960
ρ^{MG}	0.039	0.069	0.237	0.533	0.923	>0.98	>0.98	>0.98	>0.98
$\rho^{PB,exakt}$	0.051	0.115	0.242	0.540	>0.98	>0.98	>0.98	>0.98	>0.98
$\rho^{PB,1SGS}$	0.248	0.296	0.393	0.541	0.923	>0.98	>0.98	>0.98	>0.98

Deutlich sehen wir, wie mit kleiner werdendem ϵ die Konvergenzraten für alle Verfahren schlechter werden. Das Ziel muß deshalb sein, die jeweiligen Iterationsverfahren für eine gegebene Problemklasse so zu modifizieren, daß Robustheit gewährleistet ist.

Da verschiedene Problemtypen in der Regel auch verschiedene Modifikationen benötigen werden, ist es sicherlich müßig, sich über den allgemeinen Fall Gedanken zu machen. Selbst bei den mittlerweile intensiv untersuchten Mehrgitterverfahren ist ein allgemeines robustes Verfahren insbesondere im dreidimensionalen Fall immer noch eine offene Frage. Allgemeine Robustheit des Lösungsverfahrens für alle möglichen Problemtypen erreichen zu wollen, wird also ein weitgehend hoffnungloses Unterfangen sein. Statt dessen ist es vernünftiger, angepaßt an das Problem spezielle Tricks und Modifikationen zu entwickeln, um Robustheit für die betrachtete Problemklasse zu garantieren.

10.1 Robustheit von Mehrgitterverfahren

Aufgrund ihrer längeren Tradition sind Mehrgitterverfahren bisher am besten auf ihre Robustheit hin untersucht worden, und es existieren mittlerweise für eine große Klasse verschiedener Problemtypen Modifikationen des Ausgangsverfahrens, die zu robusten Algorithmen führen. Gemäß ihrer konzeptionellen Aufteilung in den Glättungsschritt und den Grobgitterkorrekturschritt greifen Modifikationen für Mehrgitterverfahren gerade im Glätter oder bei der Grobgitterdiskretisierung und den Transporten zwischen den Gittern an.

Die Entwicklung besserer Glätter begann, motiviert durch die Modell- oder "local mode"-Analyse [109], zunächst mit einfachen Linienglättern. Das Kriterium bei der Suche nach geeigneten Glättungsverfahren ist deren notwendige Eigenschaft, zu exakten Lösern des Grenzproblems $L(\epsilon)$, $\epsilon \to 0$, zu entarten. Mit der Verwendung unvollständiger Faktorisierungen als Glätter durch Wesseling [118], [119] konnte man sich im zweidimensionalen Fall von den Linienglättern lösen. Diese Glättertypen (ILU, ILLU, ILU_β, IC) wurden in einer Reihe von Arbeiten von Hemker und de Zeeuw [59], Sonneveld, Wesseling und de Zeeuw [108] und Kettler [64] untersucht und in Khalil [65], [66] und Wittum [121], [122] optimiert und weiterentwickelt. Es wurde Robustheit für eine weite Klasse von zweidimensionalen Problemen erreicht. Trotzdem gibt es etwa für anisotrope Probleme im dreidimensionalen Fall noch keinen effizienten robusten Glätter.

Daneben sollten Grobgitterdiskretisierungen stabil und physikalisch sinnvoll gebildet werden. Legt man die Galerkin-Vergröberung zugrunde, die den Grobgitteroperator relativ zum Feingitteroperator mittels Restriktion und Prolongation festlegt, dann ist diese Forderung für bilineare Standardprolongationen nicht immer erfüllt. Beispielsweise bilden sich bei Konvektions-Diffusionsproblemen automatisch auf groben Gittern instabile Diskretisierungen mit der FE-Diskretisierung entsprechenden zentralen Differenzen heraus, selbst wenn auf dem feinsten Gitter etwa mit Upwind-Differenzen diskretisiert wurde [38], [108]. Die damit bei der Grobgitterkorrektur entstehenden Oszillationen werden vom Glätter auf den feineren Gittern unter Umständen nicht mehr ausreichend gedämpft und beeinträchtigen die Konvergenzrate. Im Extremfall schaukeln sie sich auf und können zur Divergenz des gesamten Verfahrens führen.

Abhilfe ermöglicht die operator- oder matrixabhängige Wahl der Prolongations- und Restriktionsoperatoren, wie sie in ähnlicher Form auch bei Interface-Problemen von Alcouffe, Brandt, Dendy, Painter [1] und Kettler [64] benutzt wurden. Weitere Stichworte hierzu sind "Upwind"-, "Streamline Diffusion"- [62], [63] und Petrov-Galerkin-Diskretisierungen, sowie exponentiell gewichtete Basisfunktionen [38]. Der diesbezüglich ausgefeilteste Ansatz ist im Code MGD9V von de Zeeuw [32] realisiert und liegt als frei verfügbare Software vor.

Einen allgemeineren Zugang ohne geometrische Gitterinterpretation auf gröberen Leveln verfolgt das algebraische Mehrgitterverfahren von Ruge und Stüben [102], das seltsamerweise in letzter Zeit nicht mehr weiter verfolgt zu werden scheint. Der Grund hierfür könnte neben seiner relativ komplizierten Programmierung auch im etwas erhöhten Aufwand des Verfahrens liegen. Trotzdem ist dies meiner Meinung nach ein interessanter Ansatz, der es verdient, weiterentwickelt zu werden.

Daneben wurde von Hackbusch die sogenannte Frequenzzerlegungsmethode [54], [55], [57] entwickelt, die mit dem PSMG-Verfahren von Frederickson und McBryan [75] verwandt ist. Als Glätter sind lediglich Gauß-Seidel-Iterationen notwendig. Robustheit wird durch gleichzeitige Grobgitterkorrekturen auf den um jeweils eine Maschenweite versetzten, 2^d verschiedenen gröberen Gitter erreicht. Einen ähnlichen Weg verfolgt auch das Verfahren von Mulder, Naik und van Rosendale [82], [83].

Schließlich seien noch die filternden Zerlegungen von Wittum [123] erwähnt. Dabei wird der Korrekturprozeß mittels unvollständiger Zerlegungen, die wie Frequenzfilter wirken, direkt auf dem feinsten Gitter ausgeführt. Zwar verliert man bei diesem Verfahren die optimale Aufwandskomplexität konventioneller Mehrgitterverfahren, erspart sich jedoch Probleme, die sonst bei der Verwendung grober Gitter entstehen können.

10.2 Robustheit von Multilevel-Vorkonditionierern

Im Gegensatz zu Mehrgittermethoden steht die Entwicklung von robusten Multilevel-Vorkonditionierern für singuär gestörte Probleme noch weitgehend am Anfang. Ohne Modifikationen funktionieren BPX-artige Löser nur für stark elliptische, symmetrische Probleme zufriedenstellend. Jedoch wird an Modifikationen intensiv gearbeitet.

Ein Ansatz für den Helmholtz-Operator wird in Oswald [91] vorgestellt. Weiterhin konnten auch von Tong, Chan und Kuo [113] für eine Reihe von Modellproblemen erste Fortschritte erzielt werden. Ihr Zugang basiert auf der Sichtweise, daß ein Multilevel-Vorkonditionierer als Filter für die Fourier-Frequenzen des Residuums wirkt, bei dem zu jedem Level ein Frequenzband des Fourierspektrums gehört. Damit konnte in Tong, Chan und Kuo [110] der BPX-Vorkonditionierer verallgemeinert werden. S^{E_M} muß nicht mehr ausschließlich basiszugeordnete Interpolationen beinhalten. Es lassen sich allgemeinere Interpolationsformeln integrieren. Die Analyse der Filtereigenschaften zeigt dann bei Modellproblemen Modifikationsmöglichkeiten auf. In Tong, Chan und Kuo [112] werden semivergröberungsartige Techniken für anisotrope Operatoren vorgestellt. Weiterhin wird gezeigt, wie positiv definite Helmholtz-Probleme (mit geeigneten Diagonalskalierungen in der Schreibweise unseres semidefiniten Systems) erfolgreich behandelt werden können. Der gleiche Ansatz wurde auch von Hallopian und Kuznetzov [58] vorgeschlagen. Einfache Konvektions-Diffusionsoperatoren werden schließlich durch Symmetrisierung auf Helmholtz-Probleme zurückgeführt. Die in Tong, Chan und Kuo [112] vorgestellten Modifikationen betreffen jedoch ausschließlich die Gewichtungen der Diagonalskalierungsmatrix. Bei Interface-Problemen oder stark variierender Diffusion sowie bei allgemeinen Konvektions-Diffusionsoperatoren versagt das Verfahren, da keine problemabhängig gewichteten Prolongationen einbezogen werden.

Bei der Entwicklung allgemeinerer robuster Multilevel-Vorkonditionierer kann deshalb die Sichtweise des Erzeugendensystems ein Vorteil sein. Gesucht ist nun ein Vorkonditionierer C^{E_M} für L^{E_M}. In Abschnitt 4.2 konnten wir zeigen, daß BPX-artige Vorkonditionierer C^{B_M} gerade als

$$C^{B_M} = S^{EB_M} C^{E_M} (S^{EB_M})^T \tag{225}$$

geschrieben werden können, wobei C^{E_M} *Diagonalgestalt* besitzt. Damit findet lediglich eine Skalierung der Funktionen des Erzeugendensystems E_M statt. Die zusätzlichen Möglichkeiten, die eine allgemeinere Gestalt von C^{E_M} bieten würde, werden also noch gar nicht genutzt. Ein allgemeineres C^{E_M} würde einer Transformation auf ein anderes Erzeugendensystem entsprechen.

Die Modifikationen, die bei Mehrgitterverfahren für Robustheit sorgen können, also Verbesserung des Glätters und problemabhängig gewichtete Prolongationen und Restriktionen, lassen sich folgendermaßen in einen Vorkonditionierer integrieren. Wir legen, wie schon in Abschnitt 5.1, eine levelweise Anordnung der Funktionen des Erzeugendensystems zugrunde und partitionieren das semidefinite System levelweise in Blöcke (vergleiche (154)). Analog partitionieren wir auch C^{E_M}. Die Integration des auf jedem Level l von einem verbesserten Glätter abgeleiteten Vorkonditionierers $\mathcal{G}_{l,l}$ in C^{E_M} resultiert dann in einer Level-Block-Diagonalgestalt von C^{E_M}. Dadurch läßt sich sofort die einfache levelweise Skalierung, die zum Jacobi-Verfahren gehört, durch verbesserte, den robusten Mehrgitterglättern entsprechende levelweise Vorkonditionierer $\mathcal{G}_{l,l}, l = 1, \ldots, l_{\max}$ ersetzen. Beispielsweise könnte man so ILU-artige Vorkonditionierer auf jedem Level ohne Schwierigkeiten einbauen. Wir erhalten

$$C^{E_M} = \begin{pmatrix} \mathcal{G}_{1,1} & 0 & . & . & . & 0 \\ 0 & \mathcal{G}_{2,2} & 0 & . & . & 0 \\ 0 & 0 & \mathcal{G}_{3,3} & 0 & . & 0 \\ 0 & . & 0 & \mathcal{G}_{4,4} & . & 0 \\ . & . & . & . & . & . \\ 0 & . & . & . & 0 & \mathcal{G}_{l_{\max},l_{\max}} \end{pmatrix}. \tag{226}$$

Weiterhin ist es auch leicht möglich, matrix- oder operatorabhängig gewichtete Prolongationen und Restriktionen zu integrieren. Dazu muß der Operator S^{EB_M} so modifiziert werden, daß er statt der bilinearen Interpolation geeignet *asymmetrisch* gewichtete Prolongationen enthält. Analog zur Definition von S^{EB_M} in (148) ergibt sich dann

$$(227) \quad Z^{EB_M} = \prod_{l=2}^{l_{\max}} Z_{l_{\max}+2-l}^{l_{\max}+1-l,E_M} \quad \text{mit} \quad Z_l^{l-1,E_M} = \begin{pmatrix} Q_{l-1}^l & I_l & 0 \\ 0 & 0 & I_{l_{\max},l+1} \end{pmatrix}.$$

Dabei bezeichnet $Q_{l-1}^l, l = l_{\max}, \ldots, 2$, nun die zum jeweiligen asymmetrisch gewichteten Interpolationsoperator $V_{l-1} \to V_l$ gehörige Matrix. Die Bestimmung der Einträge von Q_{l-1}^l kann beispielsweise mit den in de Zeeuw [32] oder in Griebel [38] vorgestellten Methoden geschehen.

Der resultierende BPX-artige Vorkonditionierer für die Knotenbasis-Systemmatrix L^{B_M} wäre dann

$$(228) \quad C^{B_M} = Z^{EB_M} C^{E_M} (Z^{EB_M})^T.$$

Man sieht sofort, daß C^{B_M} für symmetrisches C^{E_M} symmetrisch ist, obwohl wir insbesondere im Fall eines Konvektions-Diffusionsproblems ein unsymmetrisches L^{B_M} vorliegen haben. Dies ist unnatürlich und entsteht dadurch, daß die in Z^{EB_M} beinhalteten Prolongationen zu den in $(Z^{EB_M})^T$ steckenden Restriktionen adjungiert sind. In numerischen Experimenten hat sich gezeigt, daß dieser Vorkonditionierer auch nicht sonderlich robust ist. Gehen wir stattdessen zum asymmetrischen Vorkonditionierer

$$(229) \quad \hat{C}^{B_M} = S^{EB_M} C^{E_M} (Z^{EB_M})^T$$

über, bei dem nur die enthaltenen Restriktionen problemabhängig asymmetrisch gewichtet sind, dann erhalten wir recht gute Ergebnisse. Dies entspricht implizit dem Petrov-Galerkin-Verfahren.

Die für das Verfahren der konjugierten Gradienten notwendige Voraussetzung der Symmetrie des Operators und des Vorkonditionierers entfällt, wenn etwa die GMRES-Methode [103], das Bi-CGstab-Verfahren [114] oder quadrierte CG-Iterationen [108] verwendet werden.

Wir wollen die Eigenschaften eines solchen Vorkonditionierers am Beispiel der Konvektions-Diffusionsgleichung $\epsilon \cdot (u_{xx} + u_{yy}) + u_x + u_y = f$ in $\Omega = (0,1)^2$, $u = g$ auf $\delta\Omega$ mit Konvektion in die Diagonalrichtung demonstrieren. Bei der Diskretisierung von L^{B_M} (bzw. L^{E_M}) benutzen wir abhängig von ϵ und der Leveltiefe exponentiell gewichtete Basisfunktionen, wie sie in Griebel [38], Abschnitt 5, genauer beschrieben sind. Die in Z^{EB_M} enthaltenen gewichteten Prolongationen werden entsprechend gewählt, man vergleiche [38], Seite 67. Für C^{E_M} verwenden wir die einfache Jacobi-Skalierung $diag(L^{E_M})^{-1}$. Tabelle 14 zeigt die Zahl der Iterationen, die im Fall des uniformen Gitters Ω_k für den resultierenden Vorkonditionierer (229) beim Bi-CGstab-Verfahren nötig waren, um einen Anfangsfehler um den Faktor 10^{-10} zu reduzieren.

TABELLE 14

Zahl der Bi-CGstab-Iterationen mit dem Vorkonditionierer (229) *für die Konvektions-Diffusionsgleichung mit Konvektion in Diagonalrichtung.*

$1/\epsilon$	$\to 0$	1	10	100	10^3	10^4	10^5	10^6	10^7	10^8
k =3	10	11	12	14	14	14	14	14	14	14
4	12	13	14	19	19	19	19	20	20	20
5	14	14	17	24	24	25	25	25	25	25
6	17	17	18	30	26	27	27	28	28	28
7	18	18	19	33	32	31	31	31	31	31
8	18	18	20	35	45	41	40	41	44	43

Damit haben wir gesehen, daß aus den bei Mehrgittermethoden verwendeten Modifikationen auch ein Vorkonditionierer gewonnen werden kann. Allerdings kann man sich die Frage stellen, ob es nicht gleich vernünftiger ist, statt eines Vorkonditionierers das zugehörige Mehrgitterverfahren zu verwenden. Hierzu steht eine umfassende Untersuchung noch aus. Zumindest glauben wir, daß die Erfahrungen, die bei Mehrgitterverfahren in vielfältiger Form vorliegen, sich auf die Konstruktion von Vorkonditionierern in gewissem Maß übertragen lassen werden.

Darüber hinaus bietet das Erzeugendensystem weitere Möglichkeiten für die Konstruktion von Vorkonditionierern. Die levelweise Strukturierung von C^{E_M} ist nicht zwingend notwendig und kann aufgegeben werden. Es lassen sich allgemeinere C^{E_M} vorstellen, die sich nicht mehr an die Leveldenkweise halten. Sie müssen lediglich die Forderung erfüllen, daß eine Matrix-Vektormultiplikation in $\mathcal{O}(n^{E_M})$ Operationen ausgeführt werden kann und die resultierenden Konvergenzraten sowohl von n^{E_M} als auch von ϵ unabhängig sind. Hierzu ist in Zukunft sicherlich noch intensive Arbeit notwendig.

10.3 Punktorientierte Verfahren und robuste Verallgemeinerungen

Zur Entwicklung geeigneter Modifikationen des Punktblock-Verfahrens für singulär gestörte Probleme sind bisher kaum Erfahrungen vorhanden. Es liegen lediglich die Ergebnisse erster eindimensionaler Experimente zu einer heuristischen Modifikationstechnik vor, bei der noch nicht klar ist, inwieweit sie überhaupt auf den höherdimensionalen Fall verallgemeinerbar ist. Trotzdem wollen wir diese ersten Überlegungen im folgenden kurz vorstellen.

Dazu betrachten wir das einfache eindimensionale Modellproblem $\epsilon u_{xx}+u_x = f$ in $\Omega = (0,1)$, $u = g$ auf $\delta\Omega$. In Tabelle 15 sehen wir die Reduktionsraten des Mehrgitter-V-Zyklus mit jeweils einer Gauß-Seidel-Iteration als Vor- und Nachglättungsschritt. Wir verwenden dabei sowohl die sogenannte "red-black"-Durchlaufreihenfolge (RB) als auch die lexikographische Durchlaufreihenfolge (LEX). Bei der Diskretisierung wollen wir die Finite-Elemente-Methode mit linearen Hutfunktionen benutzen, die zentralen Differenzen entsprechen. Es

TABELLE 15
Reduktionsraten für die eindimensionale Konvektions-Diffusionsgleichung, k=6.

$1/\epsilon$	-20	-15	-10	-5	0	5	10	15	18	20
ρ^{MG-RB}	div	0.228	0.225	0.232	0	0.232	0.225	0.228	div	div
ρ^{MG-LEX}	div	0.282	0.175	0.251	0	0.120	0.10	0.085	0.247	div
$\rho^{PB,1SGS}$	div	div	0.70	0.451	0	0.451	0.70	div	div	div
$\rho^{PB,exakt}$	div	div	div	0.454	0	0.454	div	div	dvi	div

ist wohlbekannt, daß die Grobgitterdiskretisierung ab einer bestimmten Maschenweite $(1 < 2|\epsilon|/h))$ abhängig von ϵ instabil werden kann. Dann treten Oszillationen in der jeweiligen Grobgitterkorrektur auf, und die Konvergenz des Gesamtverfahrens wird beeinträchtigt. Sowohl für den RB-Glätter als auch für den LEX-Glätter können wir Divergenz beobachten. Gleiches gilt für das Punktblock-Verfahren. Es ist sogar stärker betroffen und konvergiert nur in einem kleineren ϵ-Intervall. Auch die exakte Lösung der einzelnen Punktblock-Teilprobleme bringt keinen entscheidenden Vorteil.

Es sind also Modifikationen notwendig, um Robustheit zu erzielen. Dazu gehen wir konzeptionell folgendermaßen vor. Wir erinnern uns an die dem Punktblock-Verfahren zugrunde liegende Philosophie. Der zu einem Punkt gehörige Teilraum war so gestaltet, daß in ihm die zugehörige Greensche Funktion für stark elliptische Probleme gut approximiert werden konnte. Für singulär gestörte Probleme besitzen jedoch die zugehörigen Greenschen Funktionen im allgemeinen nicht mehr lokale Natur, wie dies beim stark elliptischen Operator der Fall ist. Sie sind im allgemeinen global und werden insbesondere im Fall des Konvektions-Diffusionsoperators asymmetrisch.

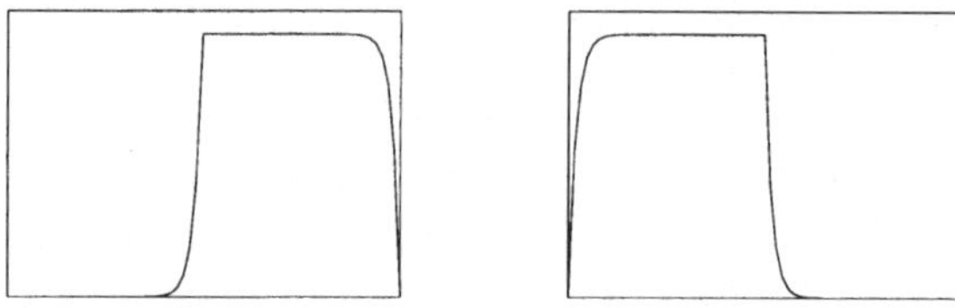

ABB. 31: *Die zum Punkt* $1/2$ *gehörigen Greenschen Funktionen mit* $1/\epsilon = \pm 64$, $k = 6$.

Im singulär gestörten Fall ist deswegen eine Erweiterung des Punktblock-Konzepts notwendig. An Stelle der in einem Punkt zentrierten Funktionen aus E_M fassen wir jetzt eine größere Menge von Funktionen aus E_M zusammen und assoziieren sie zu einem Gitterpunkt. Diese Menge von Funktionen muß so gestaltet sein, daß sie eine gute Approximation der jeweiligen Greenschen Funktion erlaubt. Dann sind auch die im zugehörigen Block-Gauß-Seidel-Verfahren berechneten Korrekturen gut.

Im eindimensionalen Fall gehen wir folgendermaßen vor. Wir assoziieren zu jedem Punkt die Funktionen des Erzeugendensystems, die in den in Abbildung 32 dargestellten Punkten zentriert sind.

Diese Funktionen spannen einen Raum auf, in dem die Greensche Funktionen des Konvektions-Diffusionsoperators im Mittelpunkt des jeweiligen Gebietsintervalls gut approximiert werden kann. Für den Fall $1/\epsilon \gg 0$ genügen sicherlich die jeweils rechten "Sohn"-Punkte, und für $1/\epsilon \ll 0$ reichen die linken "Sohn"-Punkte mit all den in ihnen zentrierten Funktionen aus, um die Greensche Funktion näherungsweise aufzuspannen. Bei Verwendung der in Abbildung 32 gezeigten Punkte sind wir jedoch vom Vorzeichen von ϵ unabhängig.

Die Zahl der Freiheitsgrade eines solchen zu einem Punkt assoziierten erweiterten Blocks ist jetzt zwar wesentlich größer als beim Punktblock-Verfahren, eine kurze Analyse zeigt jedoch für den Fall uniformer Gitterverfeinerung, daß das

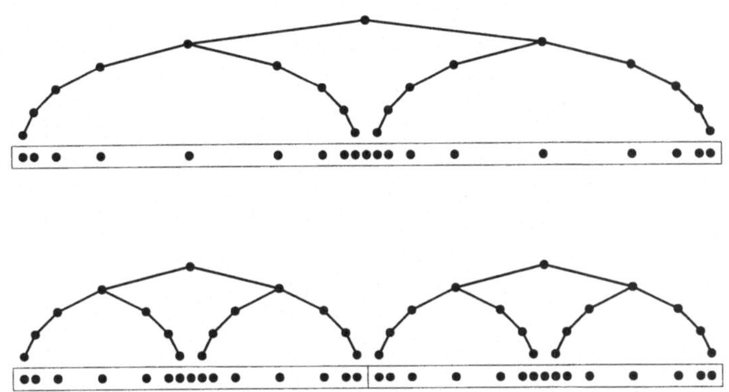

ABB. 32: *Die zu den Punkten* (1/2), (1/4) *und* (3/4) *assoziierten Punkte.*

zugehörige Block-Gauß-Seidel-Verfahren (jetzt mit sich *mehrfach überlappenden* Blöcken und exaktem Löser in jedem Block, man vergleiche auch (103) und (104)) pro Schritt immer noch $\mathcal{O}(n^{E_M})$ Rechenoperationen benötigt. Die resultierende Aufwandskonstante ist jedoch groß. Zudem hat sich herausgestellt, daß ein iterativer GS-artiger Löser für die Punktblock-Teilprobleme nicht mehr geeignet ist, da er für größere Werte von $1/\epsilon$ nur langsam konvergiert.

Für unser eindimensionales Konvektions-Diffusions-Modellproblem zeigt Tabelle 16 die Zahl der Iterationsschritte *it*, die notwendig sind, um ein Startresiduum mindestens um den Faktor 10^{-10} zu reduzieren. Die Ablaufstruktur des Algorithmus ist dabei analog zum Verfahren in Tabelle 6 mit $v_1 = v_2 = 1$.

TABELLE 16

Zahl der Iterationen für die eindimensionale Konvektions-Diffusionsgleichung mit erweiterten Blöcken, k=6.

$1/\epsilon$	$\rightarrow 0$	5	10	20	30	40	50	60	70	80	90	100
it	1	4	4	4	4	4	4	3	3	3	3	3
$1/\epsilon$	110	120	128	130	140	150	160	170	180	190	200	-
it	2	2	1	2	2	2	3	3	3	4	4	-

Wir sehen, daß das Verfahren robust ist bis weit über die Stabilitätsschranke $1/\epsilon = 128$ des feinsten Gitters hinaus. Interessanterweise entartet das Verfahren neben $1/\epsilon \rightarrow 0$ auch für $1/\epsilon = 128$ zu einem exakten Löser.

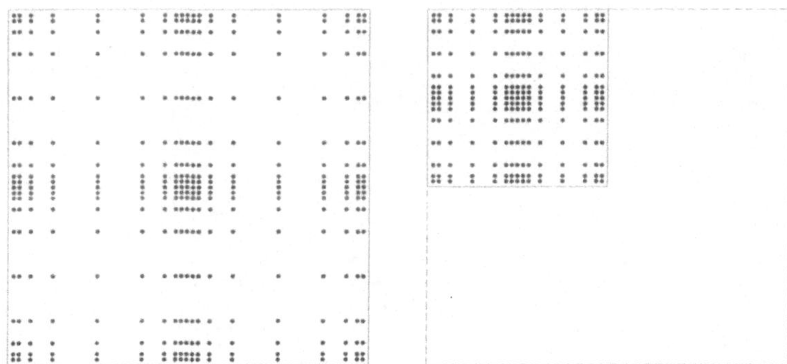

ABB. 33: *Die zu den Punkten* $(1/2, 1/2)$ *und* $(1/4, 3/4)$ *assoziierten Punkte.*

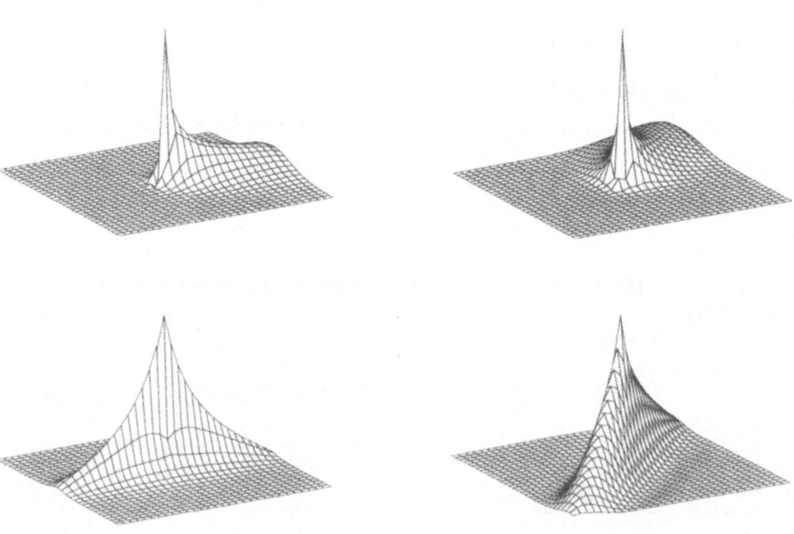

ABB. 34: *Die Greenschen Funktionen im Punkt* $(1/2, 1/2)$ *für verschiedene Differentialoperatoren.*

Dieses Prinzip könnte man nun auch auf den zweidimensionalen Fall übertragen. Beispielsweise umfaßt dann der zum Mittelpunkt gehörige Block alle Funktionen des Erzeugendensystems, die in den in Abbildung 33 gezeigten Punkten zentriert sind.

Die verschiedenen Greenschen Funktionen der Abbildung 34 ließen sich damit wiederum relativ gut approximieren. Wir sehen hier für $k = 5$ die Greenschen Funktionen des Konvektions-Diffusionsoperators $\Delta u + a_1 \cdot u_x + a_2 \cdot u_y$ mit $a_1 = 30, a_2 = 0$ und $a_1 = 32, a_2 = 32$ (oben). Abbildung 34 (unten) zeigt die Greenschen Funktionen des anisotropen Problems $50 \cdot u_{xx} + u_{yy}$ sowie die des Operators $\Delta u + 2 \cdot u_{xy}$.

Ein Schritt des Block-Gauß-Seidel-Verfahrens mit solchen (sich überlappenden) erweiterten Blöcken würde im Fall uniformer Gitterverfeinerung wiederum $\mathcal{O}(n^{E_M})$ Rechenoperationen benötigen. Die Aufwandskonstante wäre aber sehr groß. Inwieweit dieser Zugang überhaupt praktikabel ist und wirklich zu einem robusten Verfahren führt, ist noch unklar. Zudem ist das Zusammenspiel zwischen den einzelnen Blöcken noch nicht verstanden. Hierzu sind in der Zukunft weitere Arbeiten notwendig.

Für anisotrope Diffusionsprobleme und Konvektions-Diffusionsoperatoren mit Konvektion in Richtung der Koordinatenachsen ("grid alignment") bietet sich eine andere Möglichkeit der Modifikation, die wir nun im folgenden vorstellen werden.

11 Mittels Semivergröberung erweitertes Erzeugendensystem

Bisher haben wir bei der Konstruktion des Erzeugendensystems und des daraus resultierenden semidefiniten Systems eine Sequenz von geschachtelten Räumen verwendet, die der Standardverfeinerung entspricht. Nun wollen wir statt dessen ein Tableau von Gittern und Räumen betrachten, bei dem auch die durch Semiverfeinerung, also durch Unterteilung in jeweils nur eine Koordinatenrichtung entstehenden Gitter und Räume einbezogen werden.

Analog zur Argumentation des Abschnitts 2.2 erhalten wir dann ein *erweitertes* Erzeugendensystem zur Darstellung von Funktionen. Neben konventionellen uniformen Gittern lassen sich nun auch sogenannte dünne Gitter betrachten. Darüber hinaus könnte man das Konzept der Masken zur Beschreibung allgemeinerer Teilräume leicht auf den Fall des erweiterten Erzeugendensystems anwenden. Um das Prinzip deutlich zu machen, beschränken wir uns im folgenden Abschnitt jedoch auf einfache uniforme Gitter sowie reguläre dünne Gitter.

Nach Diskretisierung mit dem Ritz-Galerkin-Ansatz ergeben sich *erweiterte* semidefinite lineare Gleichungssysteme, für deren Lösung wir analog zu den in den Abschnitten 4, 5, 6 und 7 besprochenen Methoden in natürlicher Weise multilevelartige Iterationsverfahren konstruieren können [49].

Es stellt sich heraus, daß für anisotrope Diffusionsprobleme und Konvektions-Diffusionsoperatoren mit Konvektion in Richtung der Koordinatenachsen ("grid alignment") durch die Erweiterung des Erzeugendensystems robuste Iterationsverfahren erzeugt werden können [97]. Dies ist ein wichtiger Spezialfall für eine Reihe von Problemen in der Ingenieurspraxis. Er tritt beispielsweise bei Strömungsberechnungen im Überschallbereich mit strömungsangepaßten Gittern, bei der Berechnung von Sickerströmungen in schichtweise aufgebauten porösen Medien, bei der Halbleiter-Simulation oder bei der Festigkeitsanalyse von Sandwich-Verbundwerkstoffen auf, also überall dort, wo aus Gründen der Geometrie oder Physik bei der Diskretisierung Gitter und Elemente mit extremem Seitenlängenverhältnis eingesetzt werden müssen.

11.1 Das erweiterte Erzeugendensystem

Nun nehmen wir an, daß für die Diskretisierung eines zweidimensionalen Problems in $\Omega = (0,1)^2$ ein Tableau von Gittern

$$
(230) \qquad \begin{array}{cccccccc}
\Omega_{1,1} & \Omega_{1,2} & \Omega_{1,3} & \Omega_{1,4} & \dots & \Omega_{1,m} & \dots \\
\Omega_{2,1} & \Omega_{2,2} & \Omega_{2,3} & \Omega_{2,4} & \dots & \Omega_{2,m} & \dots \\
\Omega_{3,1} & \Omega_{3,2} & \Omega_{3,3} & \Omega_{3,4} & \dots & \Omega_{3,m} & \dots \\
\Omega_{4,1} & \Omega_{4,2} & \Omega_{4,3} & \Omega_{4,4} & \dots & \Omega_{4,m} & \dots \\
\vdots & \vdots & \vdots & \vdots & & \vdots & \\
\Omega_{l,1} & \Omega_{l,2} & \Omega_{l,3} & \Omega_{l,4} & \dots & \Omega_{l,m} & \dots \\
\vdots & \vdots & \vdots & \vdots & & \vdots &
\end{array}
$$

mit den Gitterweiten $h_l = 2^{-l}$, l=1,2,3,..., und $h_m = 2^{-m}$, m=1,2,3,..., in x- und y-Richtung gegeben ist. Ihm zugeordnet ist das Tableau von Räumen $V_{l,m}$ stückweise bilinearer Funktionen

$$
(231) \qquad \begin{array}{ccccccccccc}
V_{1,1} & \subset & V_{1,2} & \subset & V_{1,3} & \subset & V_{1,4} & \subset \dots \subset & V_{1,m} & \subset \dots \\
\cap & & \cap & & \cap & & \cap & & \cap & \\
V_{2,1} & \subset & V_{2,2} & \subset & V_{2,3} & \subset & V_{2,4} & \subset \dots \subset & V_{2,m} & \subset \dots \\
\cap & & \cap & & \cap & & \cap & & \cap & \\
V_{3,1} & \subset & V_{3,2} & \subset & V_{3,3} & \subset & V_{3,4} & \subset \dots \subset & V_{3,m} & \subset \dots \\
\vdots & & \vdots & & \vdots & & \vdots & & \vdots & \\
V_{l,1} & \subset & V_{l,2} & \subset & V_{l,3} & \subset & V_{l,4} & \subset \dots \subset & V_{l,m} & \subset \dots \\
\vdots & & \vdots & & \vdots & & \vdots & & \vdots &
\end{array}
$$

mit den Dimensionen

$$
(232) \qquad n_{l,m} := dim(V_{l,m}) = (2^l - 1) \cdot (2^m - 1), \quad l, m = 1, 2, 3, \dots .
$$

Dabei ist der Raum $V_{l,m}$ ein Teilraum von $V_{l+1,m}$, $V_{l,m+1}$ und $V_{l+1,m+1}$. Jedoch sind beispielsweise die Räume $V_{l+1,m-1}$ und $V_{l-1,m+1}$ nicht ineinander enthalten. Weiterhin bezeichne $N_{l,m} := \{x_1, \dots, x_{n_{l,m}}\}$ die Menge der Gitterpunkte in $\Omega_{l,m}$, l, m=1,2,3,..., die nicht auf dem Rand von Ω liegen.

Die übliche Finite-Elemente-Knotenbasis, die $V_{l,m}$ über dem Gitter $\Omega_{l,m}$ aufspannt, werde mit $B_{l,m}$ bezeichnet. Sie enthält diejenigen Funktionen $\phi_{l,m,i}$, i=1,...,$n_{l,m}$, die durch $\phi_{l,m,i}(x_j) = \delta_{i,j}$, $x_j \in N_{l,m}$, definiert sind. Da wir rechteckige Gitter benutzen, lassen sich die zweidimensionalen Basisfunktionen auch als Produkt zweier eindimensionaler Basisfunktionen schreiben, deren Träger im allgemeinen für verschiedene Koordinatenrichtungen verschieden sind. Dieser Zugang läßt sich direkt auf den höherdimensionalen Fall verallgemeinern.

Nun läßt sich $\mathcal{H}_0^1(\Omega)$ levelweise zerlegen als

$$\mathcal{H}_0^1 = \overline{V}_{\infty,\infty} \quad \text{mit} \quad V_{\infty,\infty} = \sum_{l=1}^{\infty}\sum_{m=1}^{\infty} V_{l,m} = \sum_{l=1}^{\infty}\sum_{m=1}^{\infty}\sum_{i=1}^{n_{l,m}} V_{l,m,i}, \tag{233}$$

wobei $V_{l,m,i} := span\{\phi_{l,m,i}\}$. Dieser Zugang läßt sich auch als dimensionsrekursives Vorgehen interpretieren. Dabei zerlegen wir $V_{\infty,\infty}$ zunächst nur bezüglich einer Koordinatenrichtung

$$V_{\infty,\infty} = \sum_{l=1}^{\infty} V_{l,.} = \sum_{m=1}^{\infty} V_{.,m} \tag{234}$$

mit Räumen $V_{l,.} = \sum_{m=1}^{\infty} V_{l,m}$ und $V_{.,m} = \sum_{l=1}^{\infty} V_{l,m}$, die in jeweils einer Richtung diskret und in der anderen Richtung längs Gitterlinien kontinuierlich sind. Dieser Zugang wird mit großem Erfolg auch bei der sogenannten Methode der Linien verwendet, die in jüngster Zeit in Zusammenhang mit der hp-Version der Methode der Finiten Elemente wieder Interesse findet [106]. Daneben läßt sich die Zerlegung wiederum ortsbezogen angeben als

$$V_{\infty,\infty} = \sum_{x_i \in N_{\infty,\infty}} V_{.,.,i} = \sum_{x_i \in N_{\infty,\infty}} \sum_{l,m: x_i \in N_{l,m}} V_{l,m,i} \tag{235}$$

mit den unendlichdimensionalen Teilräumen

$$V_{.,.,i} = \sum_{l,m: x_i \in N_{l,m}} V_{l,m,i}, \tag{236}$$

die einem Punkt x_i der Menge $N_{\infty,\infty}$ der Punkte des Gebiets Ω zugeordnet sind, die sich durch fortgesetzte Bisektion von Ω bezüglich jeder Richtung erreichen lassen. Im Vergleich zur levelweisen Zerlegung (233) ist wiederum lediglich die Reihenfolge der Summation vertauscht worden.

Liegt eine solche Darstellung für eine Zerlegung des Sobolevraums zugrunde, dann ist es leicht, allgemeine endlichdimensionale Teilräume und ihre Zerlegungen zu beschreiben. Dazu könnten wir analog zu (14) wieder eine unendliche Maske M einführen. Um die Darstellung einfach zu halten, wollen wir uns jedoch im folgenden lediglich auf zwei Typen von Gittern und zugehörigen Räumen beschränken, das übliche uniforme volle Gitter und das sogenannte reguläre dünne Gitter.

Der zum vollen Gitter $\Omega_{k,k}$ gehörige Raum V_k läßt sich levelweise zerlegen als

(237) $$V_k := V_{k,k} = \sum_{l=1}^{k} \sum_{m=1}^{k} V_{l,m} = \sum_{l=1}^{k} \sum_{m=1}^{k} \sum_{i=1}^{n_{l,m}} V_{l,m,i}.$$

Ein Beispiel für die zugehörigen Gitter wird in Abbildung 35 gegeben.

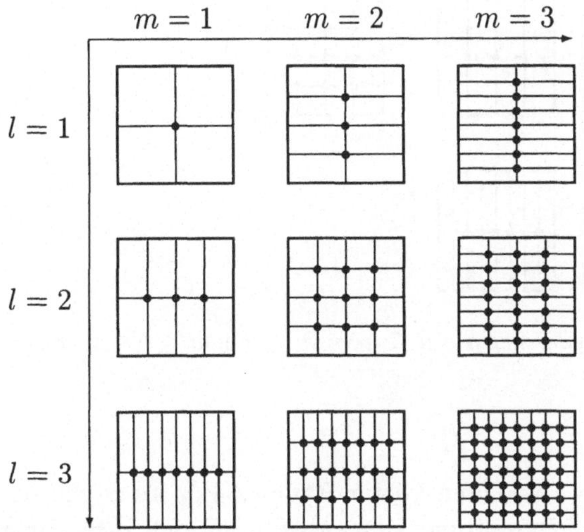

ABB. 35: *Das quadratische Schema von Gittern* $\Omega_{l,m}$, $1 \leq l, m \leq k$, *die im vollen Gitter* $\Omega_{k,k}$ *enthalten sind,* $k = 3$.

Mit Zenger [130] definieren wir ein reguläres dünnes Gitter als

(238) $$\Omega_{k,k}^S := \bigcup_{l=1}^{k} \bigcup_{m=1}^{k+1-l} \Omega_{l,m}$$

mit dem zugehörigen Finite-Elemente-Raum

(239) $$V_{k,k}^S := \sum_{l=1}^{k} \sum_{m=1}^{k+1-l} V_{l,m} = \sum_{l=1}^{k} \sum_{m=1}^{k+1-l} \sum_{i=1}^{n_{l,m}} V_{l,m,i}.$$

Weiterhin bezeichne $N_{k,k}^S$ die Menge der Gitterpunkte in $\Omega_{k,k}^S$, die nicht auf dem Rand von Ω liegen. Ein Beispiel für solche Gitter wird in Abbildung 36 gegeben.

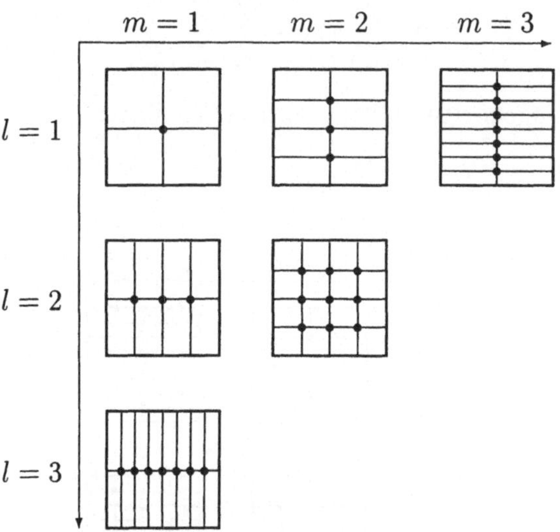

ABB. 36: *Das dreieckige Schema von Gittern $\Omega_{l,m}$, $l + m \leq k + 1$, die im dünnen Gitter $\Omega^S_{k,k}$ enthalten sind, $k = 3$.*

Bei der Verwendung des Dünn-Gitter-Raumes $V^S_{k,k}$ an Stelle des Voll-Gitter-Raumes $V_{k,k}$ wird die Raumdimension substantiell reduziert. Im zweidimensionalen Fall erhalten wir statt $dim(V_{k,k}) = \mathcal{O}(h_k^{-2})$ lediglich $dim(V^S_{k,k}) = \mathcal{O}(h_k^{-1} \cdot \log(h_k^{-1}))$. Trotzdem bleiben unter der Glattheitsvoraussetzung $\partial^4 u/\partial^2 x \partial^2 y \in \mathcal{C}(\Omega)$ der Interpolationsfehler und auch der Approximationsfehler von der Ordnung $\mathcal{O}(h_k)$ in bezug auf die Energie-Norm. In bezug auf die L_2-Norm verschlechtert sich der Interpolationsfehler nur leicht von $\mathcal{O}(h_k^2)$ zu $\mathcal{O}(h_k^2 \cdot \log(h_k^{-1}))$. Bei genügender Glattheit von u reduzieren sich deshalb bei Verwendung dünner Gitter der Speicherbedarf und der Rechenaufwand im Vergleich zu herkömmlichen vollen Gittern substantiell, die Genauigkeit der Approximation von u ist jedoch kaum beeinträchtigt.

Das Konstruktionsprinzip dünner Gitter kann direkt auf den höherdimensionalen Fall übertragen werden. Dann sind die Vorteile noch deutlicher zu sehen. So erhalten wir im d-dimensionalen Fall statt $\mathcal{O}(h_k^{-d})$ für die Dimension des Voll-Gitter-Raums jetzt lediglich $\mathcal{O}(h_k^{-1} \cdot (\log(h_k^{-1}))^{d-1})$ für die Dimension des Dünn-Gitter-Raums. Unter der Glattheitsvoraussetzung $\partial^{2d} u/\partial^2 x_1 \ldots \partial^2 x_d \in \mathcal{C}(\Omega)$ sind der Interpolationsfehler und auch der Approximationsfehler wiederum von der Ordnung $\mathcal{O}(h_k)$ in bezug auf die Energie-Norm. In bezug auf die L_2-Norm verschlechtert sich der Interpolationsfehler nur leicht von $\mathcal{O}(h_k^2)$ zu $\mathcal{O}(h_k^2 \cdot (\log(h_k^{-1}))^{d-1})$.

Diese Eigenschaft macht dünne Gitter in einer Reihe von Anwendungen über die Lösung partieller Differentialgleichungen hinaus interessant. Neben der kompakten Speicherung diskreter Funktionen etwa in der Bildverarbeitung [61] oder bei der Modellierung geodätischer Geländemodelle [74] konnten dünne Gitter nach geeigneter Modifikation auch erfolgreich bei der Integration hochdimensionaler Funktionen [13] eingesetzt werden. Für weiterführende Diskussionen und Details über dünne Gitter sei auf Bungartz [27], [28], Griebel [39], [40], Griebel und Oswald [43], Griebel, Schneider und Zenger [46], Griebel, Zimmer und Zenger [49], [50] sowie Zenger [130] verwiesen. In Abbildung 37 sind Beispiele zwei- und dreidimensionaler dünner Gitter dargestellt.

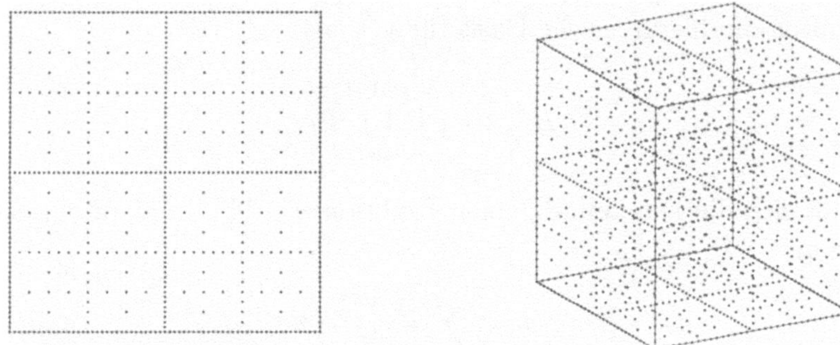

ABB. 37: *Knotenpunkte des zweidimensionalen dünnen Gitters $\Omega_{6,6}^S$, und des dreidimensionalen dünnen Gitters $\Omega_{5,5,5}^S$.*

Interessant ist, daß sich im Unterschied zum Voll-Gitter-Raum, der ja auch direkt mit Hilfe des Gitters $\Omega_{k,k}$ angegeben werden kann, der Dünn-Gitter-Raum erst mit Hilfe der Zerlegung (237) durch das Weglassen der Teilräume $V_{l,m}, l + m > k + 1$, angeben läßt. Im Gegensatz zum Voll-Gitter-Fall kommt nun im dreieckigen Schema von Abbildung 36 kein feinstes Gitter mehr vor, das alle auftretenden Teilgitter umfaßt.

Im einfachen Fall des Standardgitters mit zugehörigem Voll-Gitter-Raum kann eine beliebige Funktion $u \in V_{k,k}$ eindeutig dargestellt werden durch

$$u = \sum_{\phi \in B_{k,k}} u_\phi^{B_{k,k}} \cdot \phi \tag{240}$$

mit dem Vektor $u^{B_{k,k}} := (u_\phi^{B_{k,k}})_{\phi\in B_{k,k}}$ von Knotenwerten des feinsten Gitters, wobei eine gegebene Anordnung der Funktionen von $B_{k,k}$ zugrunde gelegt sei. Im Gegensatz dazu besitzt der Dünn-Gitter-Raum $V_{k,k}^S$ keine solche Knotenbasis, da im zugehörigen dreieckigen Schema von Abbildung 36 kein feinstes Gitter mehr vorkommt, das alle auftretenden Teilräume umfaßt. Wie in Zenger [130] gezeigt, kann statt dessen eine produktartige hierarchische Basis für $V_{k,k}^S$ konstruiert werden, indem für jedes Gitter $\Omega_{l,m}$ diejenigen Basisfunktionen von $B_{l,m}$ aufgesammelt werden, deren Zentrumspunkt nicht in einem gröberen Gitter enthalten ist. Wir definieren

$$\tilde{B}_{l,m} := \begin{cases} B_{1,1} & \text{für } l = m = 1, \\ \{\phi_{l,1,i} \in B_{l,1} : x_i \notin N_{l-1,1}\} & \text{für } l > 1, m = 1, \\ \{\phi_{1,m,i} \in B_{1,m} : x_i \notin N_{1,m-1}\} & \text{für } l = 1, m > 1, \\ \{\phi_{l,m,i} \in B_{l,m} : x_i \notin N_{l-1,m} \cup N_{l,m-1}\} & \text{für } l > 1, m > 1 \end{cases} \tag{241}$$

und erhalten die hierarchische Basis für $V_{k,k}^S$ als

$$H_{k,k}^S := \bigcup_{l=1}^{k} \bigcup_{m=1}^{k+1-l} \tilde{B}_{l,m}. \tag{242}$$

Dann läßt sich die Darstellung einer Funktion $u \in V_{k,k}^S$ in hierarchischer Basis angeben als

$$u = \sum_{\phi\in H_{k,k}^S} u_\phi^{H_{k,k}^S} \cdot \phi \tag{243}$$

mit dem Vektor $u^{H_{k,k}^S} := (u_\phi^{H_{k,k}^S})_{\phi\in H_{k,k}^S}$ von hierarchischen Koeffizienten bei gegebener Anordnung von $H_{k,k}^S$. Die Verwendung dieses Basistyps ist nicht nur auf den Dünn-Gitter-Fall beschränkt. Wir führen die hierarchische Basis

$$H_{k,k} := \bigcup_{l=1}^{k} \bigcup_{m=1}^{k} \tilde{B}_{l,m} \tag{244}$$

für den Voll-Gitter-Fall ein. Die entsprechende hierarchische Darstellung einer Funktion $u \in V_{k,k}$ ist nun

$$u = \sum_{\phi\in H_{k,k}} u_\phi^{H_{k,k}} \cdot \phi \tag{245}$$

mit dem Vektor $u^{H_{k,k}} := (u_\phi^{H_{k,k}})_{\phi\in H_{k,k}}$ von hierarchischen Koeffizienten für eine gegebene Anordnung von $H_{k,k}$. Man beachte, daß diese hierarchische Basis im

Unterschied zur konventionellen hierarchischen Basis H_k aus Abschnitt 2.2 nun auch Funktionen mit rechteckigen Träger enthält.

Analog zum Vorgehen in Abschnitt 2.2 bilden wir jetzt ein zur jeweiligen Zerlegung des Raums gehöriges Erzeugendensystem. Dazu definieren wir im Voll-Gitter-Fall die Menge von Funktionen

$$E_{k,k} := \bigcup_{l=1}^{k} \bigcup_{m=1}^{k} B_{l,m}. \tag{246}$$

Eine Funktion $u \in V_{k,k}$ läßt sich dann nicht-eindeutig bezüglich des Erzeugendensystems $E_{k,k}$ darstellen als

$$u = \sum_{\phi \in E_{k,k}} u_\phi^{E_{k,k}} \cdot \phi \tag{247}$$

mit dem Vektor $u^{E_{k,k}} := (u_\phi^{E_{k,k}})_{\phi \in E_{k,k}}$ bei einer gegebenen Anordnung von $E_{k,k}$. Die Länge von $u^{E_{k,k}}$ ist

$$n_{k,k}^E := \sum_{l=1}^{k} \sum_{m=1}^{k} n_{l,m}, \tag{248}$$

was weniger als viermal die Länge $n_{k,k}$ des Vektors $u^{B_{k,k}}$ für die Basisdarstellung (240) ist. Dies liegt an der geometrischen Progression der Zahl der Gitterpunkte von Level (l, m) zu $(l-1, m)$ und $(l, m-1)$, die sich ungefähr um den Faktor 1/2 unterscheiden. Für den Dünn-Gitter-Fall definieren wir analog die Menge von Funktionen

$$E_{k,k}^S := \bigcup_{l=1}^{k} \bigcup_{m=1}^{k+1-l} B_{l,m}. \tag{249}$$

$E_{k,k}^S$ enthält wiederum linear abhängige Funktionen und ist keine Basis für $V_{k,k}^S$, sondern nur noch ein Erzeugendensystem. Eine Dünn-Gitter-Funktion $u \in V_{k,k}^S$ wird nicht-eindeutig dargestellt als

$$u = \sum_{\phi \in E_{k,k}^S} u_\phi^{E_{k,k}^S} \cdot \phi \tag{250}$$

mit dem Vektor $u^{E_{k,k}^S} := (u_\phi^{E_{k,k}^S})_{\phi \in E_{k,k}^S}$ für eine gegebene Anordnung der Funktionen von $E_{k,k}^S$. Die Länge von $u^{E_{k,k}^S}$ ist mit

$$n^{E_{k,k}^S} := \sum_{l=1}^{k} \sum_{m=1}^{k+1-l} n_{l,m} \tag{251}$$

wiederum weniger als viermal die Länge von $u^{H^S_{k,k}}$ in der entsprechenden Basisdarstellung (243). Dies gilt aufgrund der Ungleichung

$$|\tilde{B}_{l,m}| < \frac{1}{4}|B_{l,m}|, \tag{252}$$

die für jedes Gitter $\Omega_{l,m}$ erfüllt ist.

Die Darstellungen (247) und (250) bezüglich $E_{k,k}$ und $E^S_{k,k}$ sind nicht eindeutig. Jedoch läßt sich für eine gegebene Darstellung $u^{E_{k,k}}$ von u in $E_{k,k}$ oder $u^{E^S_{k,k}}$ in $E^S_{k,k}$ leicht die zugehörige Darstellung $u^{B_{k,k}}$ oder $u^{H^S_{k,k}}$ bezüglich $B_{k,k}$ oder $H^S_{k,k}$ berechnen. Dazu benötigt man die bilineare Interpolation, die durch Mehrgitter-Prolongationsoperatoren für Standard- und Semiverfeinerung ausgedrückt und implementiert werden kann.

Benutzen wir nun im Voll-Gitter-Fall die Basen $B_{k,k}$, $H_{k,k}$ oder das Erzeugendensystem $E_{k,k}$ beim Ritz-Galerkin-Diskretisierungsprozeß, dann erhalten wir direkt die zugehörigen linearen Systeme

$$L^{B_{k,k}}u^{B_{k,k}} = f^{B_{k,k}}, \tag{253}$$

$$L^{H_{k,k}}u^{H_{k,k}} = f^{H_{k,k}} \quad \text{und} \tag{254}$$

$$L^{E_{k,k}}u^{E_{k,k}} = f^{E_{k,k}}. \tag{255}$$

Die Bemerkungen zu den Eigenschaften des Systems $L^{E_{k,k}}u^{E_{k,k}} = f^{E_{k,k}}$ übertragen sich analog aus Abschnitt 2.3. Die Matrix $L^{E_{k,k}}$ ist semidefinit. Sie hat den gleichen Rang wie die Matrix $L^{B_{k,k}}$, die durch den Ritz-Galerkin-Ansatz bei Verwendung der Standardbasis $B_{k,k}$ entsteht. Dewegen sind $n^{E_{k,k}} - n^{B_{k,k}}$ Eigenwerte gleich Null. Das System ist lösbar, da die rechte Seite in konsistenter Weise konstruiert ist, so daß $Rang(L^{E_{k,k}}) = Rang(L^{E_{k,k}}, f^{E_{k,k}})$. Das System hat aber nicht nur eine, sondern viele Lösungen. Jedoch ergibt die Überführung zweier verschiedener Lösungen $u^{E_{k,k},1}$ und $u^{E_{k,k},2}$ in ihre Darstellung in $B_{k,k}$ oder $H_{k,k}$ durch Mehrgitter-Prolongationsoperatoren analog zu (31) die eindeutige Lösung von (253). Deswegen ist es ausreichend, irgendeine Lösung des vergrößerten semidefiniten Systems (255) zu berechnen, um dann mittels eines zu S^{EB_M} analogen Operators die eindeutige Lösung von (253) zu erhalten. Wiederum sind die Matrizen $L^{B_{k,k}}$ und $L^{H_{k,k}}$ als Minoren in der erweiterten Matrix $L^{E_{k,k}}$ enthalten. Das gleiche gilt für die jeweiligen rechten Seiten. Analog zu den Ausführungen in Abschnitt 2.3 müssen $L^{E_{k,k}}$ und $f^{E_{k,k}}$ nicht explizit assembliert werden, sondern können in faktorisierter Form dargestellt werden.

Im Dünn-Gitter-Fall lassen sich die linearen Gleichungssysteme für das Erzeugendensystem und die hierarchische Basis analog definieren. Wir erhalten bei Verwendung von $E^S_{k,k}$ das lineare System

$$L^{E^S_{k,k}} u^{E^S_{k,k}} = f^{E^S_{k,k}}, \tag{256}$$

und bei Verwendung der hierarchischen Basis $H^S_{k,k}$ ergibt sich das lineare System

$$L^{H^S_{k,k}} u^{H^S_{k,k}} = f^{H^S_{k,k}}. \tag{257}$$

Auch hier übertragen sich die Eigenschaften des semidefiniten Systems aus Abschnitt 2.3 analog.

11.2 Iterative Verfahren für das erweiterte semidefinite System und numerische Experimente zur Konvergenz der einzelnen Verfahren

Nun benutzen wir die semidefiniten Systeme (255) und (256), um effiziente Löser für die zugehörigen Voll- und Dünn-Gitter-Probleme zu konstruieren. Wir übertragen dazu die Ausführungen zu den gradientenorientierte Verfahren aus Abschnitt 4, die Überlegungen zu den levelweisen Gauß-Seidel-Methoden aus Abschnitt 5 und das Konzept der punkt- und gebietsorientierten Block-Gauß-Seidel-Verfahren aus den Abschnitten 6 und 7 analog auf den Fall der erweiterten, zu $E_{k,k}$ und $E^S_{k,k}$ gehörigen semidefiniten Systeme.

Bereits für die bei Verwendung der erweiterten hierarchischen Basen $H_{k,k}$ und $H^S_{k,k}$ entstehenden definiten Matrizen $L^{H_{k,k}}$ und $L^{H^S_{k,k}}$ werden wir feststellen, daß die Kondition nicht mehr wie für die konventionelle hierarchische Basis H_k im zweidimensionalen Fall von der Ordnung $\mathcal{O}(k^2)$ ist, sondern sich aufgrund der Funktionen mit extrem überstrecktem Elementträger, die in der neuen produktartigen hierarchischen Basis enthalten sind, substantiell verschlechtert. Die Kondition ist nach Diagonalskalierung nur noch von der Ordnung $\mathcal{O}(k \cdot 2^{k/2})$, wächst also exponentiell mit k. Aus diesem Grund sind gradientenorientierte Iterationsverfahren wie die Methode der konjugierten Gradienten oder die Methode des steilsten Abstiegs für das mit der hierarchischen Basis entstehende System nicht mehr akzeptabel.

Aber auch für die zu den erweiterten Erzeugendensystemen $E_{k,k}$ und $E^S_{k,k}$ gehörigen semidefiniten Matrizen $L^{E_{k,k}}$ und $L^{E^S_{k,k}}$ ist die verallgemeinerte Kondition (nach Diagonalskalierung) im Gegensatz zum konventionellen Erzeugendensystem E_k nicht mehr optimal. Statt einer Kondition der Ordnung $\mathcal{O}(1)$ ergibt sich nun lediglich eine Kondition der Ordnung $\mathcal{O}(k^2)$. Der Grund hierfür ist, ähnlich wie bei additiven Schwarz-Methoden mancher Gebietszerlegungsverfahren, im zu großen Überlappungsbereich der Funktionen des erweiterten Erzeugendensystems zu suchen. Erst durch das Ausblenden bestimmter Freiheitsgrade läßt sich wieder eine verallgemeinerte Kondition der Ordnung $\mathcal{O}(1)$ gewinnen. Alternativ dazu geben wir einen Block-Diagonal-Vorkonditionierer an, der den gleichen Effekt zu bewirken scheint. Er basiert auf der Punktblock-Idee, wobei jetzt Freiheitsgrade des erweiterten semidefiniten Systems, die zu je einem Punkt gehören, analog zu den Ausführungen in Abschnitt 6 zu Blöcken zusammengefaßt werden. Erst solche Modifikationen bewirken für den Fall des erweiterten Erzeugendensystems, daß die verallgemeinerte Kondition von k unabhängig ist und additive, gradientenorientierte Iterationsverfahren wie das Verfahren der konjugierten Gradienten mit einer von k unabhängigen Konvergenzrate konvergieren.

Bei multiplikativen Gauß-Seidel- und Block-Gauß-Seidel-Algorithmen hingegen lassen sich solche Schwierigkeiten für das erweiterte Erzeugendensystem nicht beobachten. Die resultierenden Konvergenzraten sind unabhängig von k.

Für levelorientierte Gauß-Seidel-Verfahren sind nun allgemeinere Durchlaufreihenfolgen durch die verschiedenen Level des Tableaus (230) möglich. Es lassen sich gerade die Algorithmen von Mulder [82] sowie Naik und van Rosendale [83] gewinnen. Sie sind sowohl für anisotrope Probleme als auch für Konvektions-Diffusionsprobleme mit Konvektion in Richtung der Koordinatenachsen robust. Darüber hinaus sind levelorientierte Verfahren gut für Dünn-Gitter-Probleme geeignet.

Auch die Punktblock-Idee von Abschnitt 6 kann auf den Fall der erweiterten Erzeugendensysteme $E_{k,k}$ und $E^S_{k,k}$ übertragen werden. Die resultierenden Punktblock-Gauß-Seidel-Verfahren besitzen gute Konvergenzraten. Es zeigt sich, daß diese Verfahren auch für anisotrope Modellprobleme robust konvergieren. Darüber hinaus besitzen sie im Gegensatz zu den levelorientierten Methoden die gleichen Vorteile bei einer effizienten Parallelisierung wie schon im Fall des konventionellen Erzeugendensystems E_k. Schließlich lassen sich analog zu Abschnitt 7 in natürlicher Weise multilevelartige Gebietszerlegungsverfahren konstruieren.

Im folgenden werden wir die Konvergenzeigenschaften der verschiedenen Verfahren im Detail betrachten und am Modellproblem

$$(258)\qquad \begin{aligned} \epsilon \cdot u_{xx} + u_{yy} &= f(x,y), \quad (x,y) \in \Omega = (0,1)^2, \\ u(x,y) &= 0, \qquad\quad (x,y) \in \delta\Omega \end{aligned}$$

studieren. Die Tabellen enthalten wieder den beobachteten Reduktionsfaktor ρ des Fehlers in einer Iteration und die Zahl der Iterationen $it := -10/\log_{10}\rho$, die notwendig sind, um einen beliebigen Fehler um den Faktor 10^{-10} zu reduzieren.

Bei der Implementierung der verschiedenen Verfahren für den Fall des erweiterten Erzeugendensystems ist es wiederum nicht notwendig, die Matrizen $L^{E_{k,k}}$ oder $L^{E^S_{k,k}}$ explizit aufzustellen. Es ist möglich, bestimmte produktartige Faktorisierungen von $L^{E_{k,k}}$ oder $L^{E^S_{k,k}}$ analog zu (47) auszunutzen, um die Matrix-Vektormultiplikation, die Gauß-Seidel-Iteration und die Punktblock-Gauß-Seidel-Iteration mit $\mathcal{O}(n^{E_{k,k}})$ bzw. $\mathcal{O}(n^{E^S_{k,k}})$ Operationen zu implementieren.

11.2.1 Gradientenorientierte Verfahren und Vorkonditionierung

Zunächst betrachten wir die Matrizen $L^{H_{k,k}}$ und $L^{H^S_{k,k}}$, die bei Verwendung der hierarchischen Basen $H_{k,k}$ und $H^S_{k,k}$ entstehen. Ihre Kondition bestimmt mit (75) die Konvergenzrate des zugehörigen Verfahrens der konjugierten Gradienten. Während etwa die Gauß-Seidel-Relaxation nicht von der Skalierung der Basisfunktionen abhängig ist, ist dies jedoch für die Konditionszahl κ der Matrizen $L^{H_{k,k}}$, $L^{H^S_{k,k}}$ und somit für die Konvergenzrate des CG-Verfahrens der Fall. In Oswald [93] wird gezeigt, daß ohne jegliche Skalierung der Basisfunktionen die Abschätzung

$$(259)\qquad c_1 \cdot 2^k \leq \kappa(L^{H^S_{k,k}}) \leq c_2 \cdot k^5 \cdot 2^k$$

erfüllt ist, wobei c_1 und c_2 von k unabhängige Konstanten sind. Die Konditionszahl kann nun durch levelweise Skalierung der Basisfunktionen gemäß

$$(260)\qquad \breve{B}_{l,m} := \{a(\phi,\phi)^{-1/2} \cdot \phi : \phi \in \tilde{B}_{l,m}\}$$

verbessert werden. Dies führt zur Matrix

$$(261)\qquad \check{L}^{H^S_{k,k}} = (\mathrm{diag} L^{H^S_{k,k}})^{-1/2} L^{H^S_{k,k}} (\mathrm{diag} L^{H^S_{k,k}})^{-1/2},$$

für die die Abschätzung

$$(262)\qquad c_3 \cdot 2^{k/2} \leq \kappa(\check{L}^{H^S_{k,k}}) \leq c_4 \cdot k^3 \cdot 2^{k/2}$$

mit von k unabhängigen Konstanten c_3, c_4 gezeigt werden kann (siehe Linner [71] oder Oswald [93]). In der Praxis kann man sogar ein $\mathcal{O}(k \cdot 2^{k/2})$-Verhalten von $\kappa(\check{L}^{H^S_{k,k}})$ beobachten, vergleiche Tabelle 18. Weiterhin läßt sich zeigen, daß unter *jeder beliebigen* Skalierung der Funktionen der hierarchischen Basis $H^S_{k,k}$ die Konditionszahl der zugehörigen Matrix $\bar{L}^{H^S_{k,k}}$ der Ungleichung

$$\kappa(\bar{L}^{H^S_{k,k}}) \geq c \cdot 2^{k/2} \tag{263}$$

gehorcht. Bei ausschließlicher Verwendung der hierarchischen Basisfunktionen $H^S_{k,k}$ für die Diskretisierung auf dem dünnen Gitter $\Omega^S_{k,k}$ läßt sich also im besten Fall eine Konditionszahl erzielen, die exponentiell mit der Zahl k der Level wächst. Aber auch im Voll-Gitter-Fall beobachten wir ein exponentielles Wachsen der entsprechenden Konditionszahlen $\kappa(L^{H_{k,k}})$ und $\kappa(\check{L}^{H_{k,k}})$. Tabelle 17 zeigt die numerisch berechneten Eigenwerte und Konditionszahlen mit und ohne Diagonalskalierung für den Voll-Gitter-Fall, Tabelle 18 zeigt die entsprechenden Zahlen für den Dünn-Gitter-Fall.

TABELLE 17

Eigenwerte und Kondition von $L^{H_{k,k}}$ und $\check{L}^{H_{k,k}}$ (volles Gitter, $\epsilon = 1$).

	k	3	4	5	6	7	8
$L^{H_{k,k}}$	$\lambda_{\min}$	0.516	0.326	0.226	0.126	0.119	0.0908
	$\lambda_{\max}$	9.77	18.7	36.7	73.0	145.9	291.7
	κ	18.9	57.4	161.5	450.6	1226.1	3212.6
$\check{L}^{H_{k,k}}$	$\lambda_{\min}$	0.139	0.0678	0.0339	0.0170	0.00847	0.00424
	$\lambda_{\max}$	2.53	3.32	4.10	4.88	5.66	6.43
	κ	18.2	49.0	105.1	287.1	668.2	1517

Da die Dünn-Gitter-Matrix $L^{H^S_{k,k}}$ ein Minor der Voll-Gitter-Matrix $L^{H_{k,k}}$ ist, muß die entsprechende Konditionszahl natürlich kleiner oder gleich der Konditionszahl der Voll-Gitter-Matrix sein. Zwar wird die Konditionszahl jeweils durch die Skalierung deutlich verbessert, aber in beiden Fällen sehen wir die verbleibende exponentielle Abhängigkeit der Eigenwerte und der Konditionszahl von k.

Dies muß mit dem $\mathcal{O}(k^2)$-Ergebnis verglichen werden, das man im zweidimensionalen Fall mit Yserentants hierarchischer Basis [126] beziehungsweise mit der hierarchischen Basis H_k erhält, bei der nur die Standardvergröberung Anwendung findet. Wir sehen, daß die Verwendung von Basisfunktionen mit extrem

TABELLE 18
Eigenwerte und Kondition von $L^{H^S_{k,k}}$ und $\breve{L}^{H^S_{k,k}}$ (dünnes Gitter, $\epsilon = 1$).

	k	3	4	5	6	7	8	9	10
$L^{H^S_{k,k}}$	$\lambda_{\min}$	0.736	0.595	0.490	0.400	0.314	0.258	0.215	0.181
	$\lambda_{\max}$	6.1	10.9	21.4	42.7	85.4	170.6	341.3	682.7
	κ	8.3	18.3	43.7	106.9	271.5	661.2	1587	3771
$\breve{L}^{H^S_{k,k}}$	$\lambda_{\min}$	0.249	0.186	0.135	0.098	0.0665	0.0484	0.0331	0.0241
	$\lambda_{\max}$	1.77	2.12	2.55	2.90	3.34	3.69	4.12	4.47
	κ	7.1	11.4	18.9	29.5	50.2	76.2	124.5	185.5

verzerrtem rechteckigem Träger die Konvergenzrate der Hierarchischen-Basis-Methode entscheidend verschlechtert. Im Gegensatz zum HB-Vorkonditionierer mit der hierarchischen Basis H_k ist der sich mit den hierarchischen Basen $H_{k,k}$ oder $H^S_{k,k}$ ergebende Vorkonditionierer für ein einigermaßen effizientes Verfahren schon im zweidimensionalen Fall nicht mehr geeignet.

Deswegen betrachten wir jetzt die semidefiniten Matrizen $L^{E_{k,k}}$ und $L^{E^S_{k,k}}$, die bei Verwendung der erweiterten Erzeugendensysteme $E_{k,k}$ und $E^S_{k,k}$ entstehen. Analog zu Abschnitt 4.2 erhalten wir für das geeignet skalierte Erzeugendensystem verschiedene Methoden, die zum Vorkonditionierer von Bramble, Pasciak und Xu [22] ähnlich sind. Dort wird im Prinzip eine Jakobi-artige Diagonalskalierung für das semidefinite System ausgeführt. Dies ist jedoch nur für E_k der richtige Weg. Für unseren Zugang, bei dem auch die Basisfunktionen $B_{l,m}$, $l \neq m$, im Erzeugendensystem $E_{k,k}$ und $E^S_{k,k}$ enthalten sind (was eine Notwendigkeit im Dünn-Gitter-Fall ist, da diese Funktionen benötigt werden, um den Raum $V^S_{k,k}$ überhaupt aufzuspannen), ist jedoch die direkte Jacobi-Skalierung nicht länger ausreichend, um eine $\mathcal{O}(1)$-konditionierte Matrix zu erhalten. Wir erhalten zwangsläufig (vergleiche die Argumente in Griebel und Oswald [43]) nur eine Konditionszahl von der Ordnung $\mathcal{O}(k^2)$. Tabelle 19 zeigt die berechneten Werte für den Dünn-Gitter-Fall.

Wir sehen klar, daß lediglich eine Kondition von der Ordnung $\mathcal{O}(k^2)$ erreicht wird. Das gleiche gilt auch im Voll-Gitter-Fall.

Deswegen betrachten wir jetzt eine gewichtete Jacobi-Skalierung, bei der die Gewichtung levelweise als

$$\breve{B}_{l,m} := \{\gamma_{l,m}^{1/2} a(\phi,\phi)^{-1/2} \cdot \phi : \phi \in B_{l,m}\} \tag{264}$$

TABELLE 19

Eigenwerte und Kondition der Jacobi-vorkonditionierten Matrix $diag(L^{E^S_{k,k}})^{-1}L^{E^S_{k,k}}$, $\epsilon = 1$.

k	3	4	5	6	7	8	9	10
$\tilde{\lambda}_{\min}$	1.05	0.862	0.714	0.671	0.621	0.562	0.543	0.534
$\lambda_{\max}$	4.14	6.24	8.75	11.3	14.3	17.5	21.0	24.6
$\tilde{\kappa}$	3.94	7.24	12.3	16.8	23.0	31.2	38.7	46.1
$\tilde{\kappa}/k^2$	0.44	0.45	0.49	0.47	0.47	0.49	0.48	0.46

mit Konstanten $\gamma_{l,m} \geq 0$ ausgeführt wird. Wir nehmen dazu eine levelweise Anordnung der Funktionen aus $E_{k,k}$ an, und mit der $(n^{E_{k,k}}, n^{E_{k,k}})$-Diagonalmatrix $\Gamma^{E_{k,k}}$ mit den Diagonalblöcken $\gamma_{l,m} I_{n_{l,m}}$ erhalten wir im Voll-Gitter-Fall die vorkonditionierte semidefinite Matrix

$$(265)\qquad \breve{L}^{E_{k,k}} := (\Gamma^{E_{k,k}})^{1/2}(\mathrm{diag}(L^{E_{k,k}}))^{-1/2}L^{E_{k,k}}(\mathrm{diag}(L^{E_{k,k}}))^{-1/2}(\Gamma^{E_{k,k}})^{1/2}.$$

Im Dünn-Gitter-Fall erhalten wir analog die Matrix

$$(266)\qquad \breve{L}^{E^S_{k,k}} := (\Gamma^{E^S_{k,k}})^{1/2}(\mathrm{diag}(L^{E^S_{k,k}}))^{-1/2}L^{E^S_{k,k}}(\mathrm{diag}(L^{E^S_{k,k}}))^{-1/2}(\Gamma^{E^S_{k,k}})^{1/2}.$$

Dabei besitzt $\breve{L}^{E_{k,k}}$ die gleiche verallgemeinerte Kondition wie $C^{B_{k,k}}L^{B_{k,k}}$, wobei $C^{B_{k,k}}$ analog zu Abschnitt 4.2 ein Vorkonditionierer für die Feingittermatrix $L^{B_{k,k}}$ (253) ist, der als

$$(267)\qquad C^{B_{k,k}} = \sum_{l=1}^{k}\sum_{m=1}^{k} \gamma_{l,m} P_{l,m}(\mathrm{diag}(L_{l,m}))^{-1}R_{l,m}$$

mit der kanonischen Prolongation (Interpolation) $P_{l,m} : V_{l,m} \rightarrow V_{k,k}$ und ihrem adjungierten Restriktionsoperator $R_{l,m} : V_{k,k} \rightarrow V_{l,m}$ geschrieben werden kann. In gleicher Weise kann man auch im Dünn-Gitter-Fall vorgehen.

Die Aufgabe ist nun, die Gewichte $\gamma_{l,m}$ so zu bestimmen, daß die verallgemeinerte Konditionszahl der entstehenden Matrix unabhängig von k ist. Im Voll-Gitter-Fall führt die Wahl

$$(268)\qquad \gamma_{l,m} = \delta_{l,m}$$

gerade zum MDS-Vorkonditionierer (132) und somit zu einer $\mathcal{O}(1)$-Methode. Man vergleiche auch die Ergebnisse in Abschnitt 8, Tabelle 2. Damit werden aber genau die Funktionen des erweiterten Erzeugendensystems $E_{k,k}$ ausgeblendet, die nicht im konventionellen Erzeugendensystem E_k enthalten sind.

Im Dünn-Gitter-Fall ist eine Wahl wie in (268) nicht mehr möglich, da der Rang der vorkonditionierten Matrix $\check{L}^{E^S_{k,k}}$ kleiner als $|H^S_{k,k}|$ wäre. Jedoch mit den Gewichten

$$\gamma_{l,m} = \begin{cases} 1 & l = m \vee l + m = k + 1, \\ 0 & \text{sonst}, \end{cases} \tag{269}$$

erhalten wir ein Verfahren, von dem wir in Griebel und Oswald [43] zeigen konnten, daß es zu einer verallgemeinerten Kondition von der Ordnung $\mathcal{O}(1)$ führt. Tabelle 20 zeigt die numerischen Ergebnisse für den Dünn-Gitter-Fall bei der Wahl von $\gamma_{l,m}$ wie in (269). Von den theoretischen Ergebnissen in Griebel und Oswald [43] wissen wir, daß die Konditionszahl durch eine Konstante beschränkt ist. Für praktische Gitterweiten sehen wir jedoch noch eine leicht ansteigende Konditionszahl.

TABELLE 20

Eigenwerte und Kondition der Matrix $\check{L}^{E^S_{k,k}}$ *mit* $\gamma_{l,m}$ *aus* (269), $\epsilon = 1$.

k	3	4	5	6	7	8	9	10	11	12	13
$\tilde{\lambda}_{\min}$	0.962	0.862	0.709	0.667	0.621	0.560	0.543	0.535	0.518	0.513	0.510
$\lambda_{\max}$	2.58	3.71	3.89	4.71	4.92	5.60	5.75	6.28	6.39	6.84	6.93
$\tilde{\kappa}$	2.68	4.30	5.48	7.07	7.92	10.0	10.6	11.7	12.3	13.3	13.6

Betrachtet man statt dessen die unbekannten Gewichte $\gamma_{l,m}$, als die Freiheitsgrade eines Optimierungsproblems, das numerisch etwa mit dem Downhill-Simplex-Verfahren von Nelder und Mead [84] oder der in Overton [95] beschriebenen Methode gelöst werden kann, dann ergeben sich für den Dünn-Gitter-Fall mit $k = 5$ die optimalen levelweisen Gewichte wie in Tabelle 21. Die erzielte verallgemeinerte Kondition ist in diesem Beispiel $\tilde{\kappa} = 3.58$. Im Vergleich zu den Werten in Tabelle 20 für $k = 5$ sehen wir eine deutliche Verbesserung. In der Praxis jedoch ist dieses Vorgehen sicherlich nicht anwendbar, da die Berechnung der optimalen Gewichte $\gamma_{l,m}$ viel zu aufwendig ist.

Eine praktikablere Methode, die zu weitgehend maschenweitenunabhängigen Konditionszahlen zu führen scheint, läßt sich durch die Anwendung der Punktblock-Idee gewinnen. Dazu teilen wir analog zum Vorgehen in Abschnitt 6 das

TABELLE 21
Levelweise optimierte $\gamma_{l,m}$, $k = 5$, $\tilde{\kappa} = 3.58$.

	$m = 1$	$m = 2$	$m = 3$	$m = 4$	$m = 5$
$l = 1$	0.37	0.07	0.24	-0.73	0.63
$l = 2$	0.07	0.54	-0.38	1.00	
$l = 3$	0.24	-0.38	0.93		
$l = 4$	-0.73	1.00			
$l = 5$	0.63				

jeweilige erweiterte semidefinite System punktweise in Gruppen von Unbekannten auf. Wir fassen also die Unbekannten zusammen, die zu der Menge

$$B_x := \{\phi \in E_{k,k} : \phi(x) = 1\} \tag{270}$$

der Funktionen gehören, die im gleichen Gitterpunkt $x \in N_{k,k}$ zentriert sind. Dies entspricht gerade der zu (235) analogen punktorientierten Zerlegung des Raums $V_{k,k}$. Gemäß dieser Zerlegung von $V_{k,k}$ partitionieren wir den Koeffizientenvektor $u^{E_{k,k}}$ als $u^{E_{k,k},P} := (u^x)_{x \in N_{k,k}}$, mit $u^x := (u_\phi^{E_{k,k}})_{\phi \in B_x}$. Für den Dünn-Gitter-Fall definieren wir analog

$$B_x^S := \{\phi \in E_{k,k}^S : \phi(x) = 1\} \tag{271}$$

und erhalten die Partitionierung $u^{E_{k,k}^S,P} := (u^{x,S})_{x \in N_{k,k}^S}$ mit $u^{x,S} := (u_\phi^{E_{k,k}^S})_{\phi \in B_x^S}$. Für ein illustrierendes Beispiel siehe Abbildung 38.

Weiterhin definieren wir für jedes $x \in N_{k,k}$ den Raum $V_x := span\{B_x\} \subset V_{k,k}$, die kanonische Prolongation $P_x : V_x \to V_{k,k}$, ihre adjungierte Restriktion $R_x := P_x^T$ und die Punktblock-Matrix

$$L_x := R_x L^{B_{k,k}} P_x. \tag{272}$$

L_x ist gerade die Matrix, die den zu x gehörigen Diagonalblock von $L^{E_{k,k}}$ bildet. Da B_x eine Basis für V_x bildet, ist L_x positiv definit und invertierbar. Bei punktweiser Anordnung der Funktionen von $E_{k,k}$ definieren wir die Blockdiagonalmatrix $\Pi^{E_{k,k}}$ mit L_x, $x \in N_{k,k}$, als deren Diagonalblöcke und erhalten die *punktweise* vorkonditionierte Matrix für das erweiterte semidefinite System

$$\hat{L}^{E_{k,k}} := (\Pi^{E_{k,k}})^{-1/2} L^{E_{k,k}} (\Pi^{E_{k,k}})^{-1/2}. \tag{273}$$

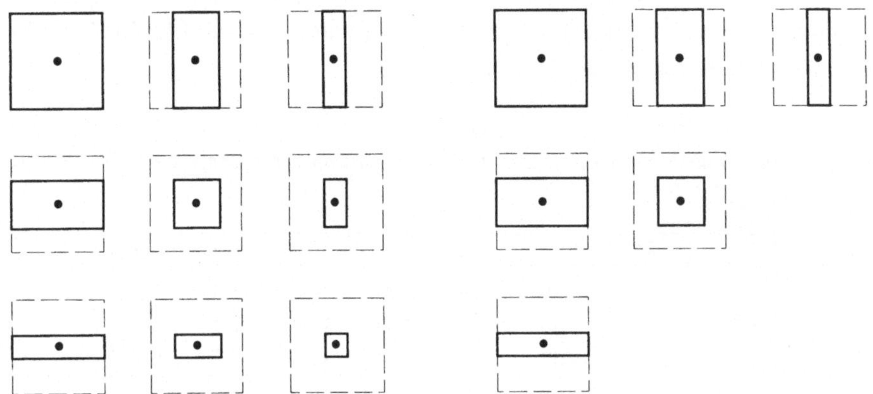

ABB. 38: *Träger der Erzeugendenfunktionen* $B_{(\frac{1}{2},\frac{1}{2})}$ *(links) und* $B^S_{(\frac{1}{2},\frac{1}{2})}$ *(rechts) für* $k = 3$.

Dies ist wiederum äquivalent zu einem Vorkonditioner $C^{B_{k,k}}$ für die Feingittermatrix $L^{B_{k,k}}$ mit

$$C^{B_{k,k}} := \sum_{x \in N_{k,k}} P_x L_x^{-1} R_x. \tag{274}$$

Für jeden Gitterpunkt $x \in N_{l,m} \setminus (N_{l-1,m} \cup N_{l,m-1})$ ist $|B_x| = (k+1-l)(k+1-m)$. Die Punktblockgröße $|B_x|$ wird also mit wachsendem l bzw. m schnell kleiner. Insgesamt ist deswegen die Multiplikation der Matrix $(\Pi^{E_{k,k}})^{-1}$ mit einem Vektor, das heißt das Lösen eines Gleichungssystems mit $\Pi^{E_{k,k}}$, mit $\mathcal{O}(n^{E_{k,k}})$ Operationen möglich.

Für das dünne Gitter definieren wir analog für jedes $x \in N^S_{k,k}$ den Raum $V^S_x = span\{B^S_x\}$, die Prolongation $P^S_x : V^S_x \to V^S_{k,k}$, ihre adjungierte Restriktion $R^S_x := (P^S_x)^T$ sowie die Matrizen $L^S_x := R^S_x L^{B^S_{k,k}} P^S_x$ und erhalten mit der zugehörigen Punktblock-Diagonalmatrix $\Pi^{E^S_{k,k}}$ die vorkonditionierte Matrix

$$\hat{L}^{E^S_{k,k}} := (\Pi^{E^S_{k,k}})^{-1/2} L^{E^S_{k,k}} (\Pi^{E^S_{k,k}})^{-1/2}. \tag{275}$$

Wiederum ist L^S_x gerade die Matrix, die den zu x gehörigen Diagonalblock von $L^{E^S_{k,k}}$ beschreibt. Da B^S_x eine Basis für V^S_x bildet, ist L^S_x positiv definit und invertierbar. Weiterhin ist für jeden Gitterpunkt $x \in N_{l,m} \setminus (N_{l-1,m} \cup N_{l,m-1})$ $|B^S_x| = (k+2-l-m)(k+3-l-m)/2$, und deswegen ist die Matrix-Vektormultiplikation für $(\Pi^{E^S_{k,k}})^{-1}$, das heißt das Lösen eines Gleichungssystems mit $\Pi^{E^S_{k,k}}$, mit $\mathcal{O}(n^{E^S_{k,k}})$ Operationen möglich.

Tabelle 22 zeigt die resultierenden Eigenwerte und Konditionszahlen. Der Punktblock-Vorkonditionierer erreicht dabei nicht ganz die Qualität der levelweisen Skalierung gemäß (268) oder (269).

TABELLE 22

Eigenwerte und Kondition für die Punktblock-vorkonditionierten Matrizen $\hat{L}^{E_{k,k}}$ *und* $\hat{L}^{E^S_{k,k}}$, $\epsilon = 1$.

	k	3	4	5	6	7	8
$\hat{L}^{E^S_{k,k}}$	$\tilde{\lambda}_{\min}$	0.995	0.993	0.988	0.985	0.981	0.979
	$\lambda_{\max}$	4.00	5.45	7.55	8.76	10.5	11.7
	κ	4.02	5.49	7.64	8.89	10.7	11.95
$\hat{L}^{E_{k,k}}$	$\tilde{\lambda}_{\min}$	0.996	0.991	0.986	0.982	0.980	0.977
	$\lambda_{\max}$	7.55	10.5	13.2	15.9	18.6	21.2
	κ	7.58	10.6	13.4	16.2	18.9	21.7

Es ist noch nicht ganz klar, ob der Punktblock-Vorkonditionierer wirklich zu von k unabhängigen verallgemeinerten Konditionszahlen führt. Die Werte wachsen mit steigendem k noch etwas. Dies ist jedoch in ähnlichem Maße auch in den Tabellen 2 und 20 zu beobachten. Der Vorteil des Punktblock-Vorkonditionierers für das erweiterte Erzeugendensystem ist sein einfaches Prinzip, das ihn im Gegensatz zum mehr künstlichen Vorgehen wie in (269) in natürlicher Weise auch auf allgemeinere Situationen, etwa im Fall adaptiver Verfeinerung, direkt übertragbar macht.

Abschließend wenden wir uns dem Fall des anisotropen Problems $\epsilon \gg 1$ zu. Wir haben bereits in Abschnitt 10, Tabelle 13 festgestellt, daß für das konventionelle Erzeugendensystem E_k kein robustes CG-Verfahren entsteht. Für Dünn-Gitter-Probleme mit der gewichteten Skalierung (269) jedoch ergeben sich im Fall des anisotropen Operators recht gute Resultate. Sie sind in Tabelle 23 für festes $k = 8$ und variierende Werte von ϵ aufgeführt.

Wir sehen, daß sich die Konditionszahl für $\epsilon \to \infty$ etwas verschlechtert, aber immer noch beschränkt ist. Das gleiche Verhalten konnten wir für den Fall $\epsilon \to 0$ beobachten. Die Konditionszahl besitzt, zumindest für einen weiten Bereich von k und ϵ, eine obere Schranke unabhängig von ϵ. In weiteren numerischen Experimenten stellte sich heraus, daß sich die Kondition aber in einem kleinen Bereich nahe $\epsilon \approx k^2$ verschlechtert.

Wirklich robuste Konditionszahlen erhalten wir, indem wir die Gewichte $\gamma_{l,m}$

TABELLE 23

Eigenwerte und Kondition für die multilevel-vorkonditionierte Matrix $\check{L}_k^{ES}$ *mit* $\gamma_{l,m}$ *aus* (269), $k = 8$.

ϵ	1	2	4	10	16	64	100	10^4	10^6	10^8
$\tilde{\lambda}_{\min}$	0.560	0.549	0.532	0.353	0.303	0.265	0.264	0.503	0.501	0.500
$\lambda_{\max}$	5.60	6.31	7.14	8.04	8.39	9.16	9.42	11.2	11.5	11.5
$\tilde{\kappa}$	10.0	11.5	13.4	22.8	27.7	34.6	35.7	22.3	23.0	23.0

von ϵ abhängig wählen. Verwenden wir anstelle von (269) nun die Gewichte

$$\gamma_{l,m} = \begin{cases} 1 & l = m + [\log_4(\epsilon)] \vee l + m = k + 1, \\ 0 & \text{sonst}, \end{cases} \tag{276}$$

bei der Skalierung, dann ergeben sich die Resultate von Tabelle 24.

TABELLE 24

Eigenwerte und Kondition für die multilevel-vorkonditionierte Matrix $\check{L}_k^{ES}$ *mit* $\gamma_{l,m}$ *aus* (276), $k = 8$.

ϵ	1	4	16	64	256	16384	10^6	10^{10}
$\tilde{\lambda}_{\min}$	0.560	0.544	0.533	0.516	0.512	0.503	0.501	0.5001
$\lambda_{\max}$	5.60	5.67	6.14	6.26	6.62	7.00	7.22	7.22
$\tilde{\kappa}$	10.0	10.6	11.5	12.1	12.9	13.9	14.4	14.4

Wir sehen, daß sich die Konditionszahl für $\epsilon \to \infty$ nur noch geringfügig verschlechtert. Die Konditionszahl besitzt eine obere Schranke unabhängig von ϵ. Im Gegensatz zu den Ergebnissen in Tabelle 23 ist jetzt zudem keine Verschlechterung mehr in einem kleinen Bereich nahe $\epsilon \approx k^2$ zu beobachten. In diesem Sinn resultiert die Wahl $\gamma_{l,m}$ wie in (276) in einem wirklich robusten Vorkonditionierer. Dies ist sicherlich ein Verdienst der Basisfunktionen mit überstrecktem Träger, die in $E_{k,k}^S$ mit der Anwendung von (276) enthalten sind.

Auch für die Punktblock-Vorkonditionierer (273) und (275) erhalten wir robuste Konditionszahlen. Sie sind für den Voll-Gitter-Fall in Tabelle (25) gegeben. Deutlich sehen wir, daß sich die Zahlen für $\epsilon \to \infty$ nicht verschlechtern, sondern praktisch die gleichen Werte annehmen wie für $\epsilon = 1$. Damit ist auch der Punktblock-Vorkonditionierer ein guter Kandidat für ein robustes und effizientes additives Verfahren. Im Gegensatz zum vorigen Verfahren mit der

TABELLE 25
Eigenwerte und Kondition für die Punktblock-vorkonditionierte Matrix $\hat{L}^{E_{k,k}}$, $k = 6$.

ϵ	1	2	4	10	100	10^4	10^6	10^8	10^{10}
$\tilde{\lambda}_{\min}$	0.982	0.981	0.979	0.977	0.978	0.976	0.977	0.976	0.976
$\lambda_{\max}$	15.9	16.0	16.1	16.2	16.3	16.2	16.2	16.2	16.2
$\tilde{\kappa}$	16.2	16.3	16.4	16.6	16.7	16.6	16.6	16.6	16.6

Skalierung (276) ist der Punktblock-Vorkonditionierer zudem von der expliziten Kenntnis von ϵ unabhängig.

11.2.2 Levelorientierte Gauß-Seidel-Verfahren

Nun übertragen wir die bisherigen Überlegungen zur levelweisen Gauß-Seidel-Methode aus Abschnitt 5 auf die mit $E_{k,k}$ und $E^S_{k,k}$ entstehenden semidefiniten Gleichungssysteme. Zunächst wollen wir uns darauf beschränken, nur über die Unbekannten des semidefiniten Systems mittels Gauß-Seidel-Teilschritten zu iterieren, deren zugehörige Funktionen ϕ in der hierarchischen Basis $H_{k,k}$ beziehungsweise $H^S_{k,k}$ enthalten sind. Dann erhalten wir eine Hierarchische-Basis-Mehrgittermethode. Sie ist äquivalent mit der Gauß-Seidel-Iteration für die Systeme (254) beziehungsweise (257) und wird insbesondere für den Fall adaptiver Verfeinerung in Bungartz [28] verwendet sowie detailliert beschrieben und analysiert. Wir ordnen dazu die hierarchische Basis levelweise an,

$$
\begin{array}{cccccc}
\tilde{B}_{1,1}, & \tilde{B}_{1,2}, & \tilde{B}_{1,3}, & \tilde{B}_{1,4}, & \ldots & \tilde{B}_{1,k}, \\
\tilde{B}_{2,1}, & \tilde{B}_{2,2}, & \tilde{B}_{2,3}, & \tilde{B}_{2,4}, & \ldots & \tilde{B}_{2,k}, \\
\tilde{B}_{3,1}, & \tilde{B}_{3,2}, & \tilde{B}_{3,3}, & \tilde{B}_{3,4}, & \ldots & \tilde{B}_{3,k}, \\
\tilde{B}_{4,1}, & \tilde{B}_{4,2}, & \tilde{B}_{4,3}, & \tilde{B}_{4,4}, & \ldots & \tilde{B}_{4,k}, \\
 & & \vdots & & & \\
\tilde{B}_{k,1}, & \tilde{B}_{k,2}, & \tilde{B}_{k,3}, & \tilde{B}_{k,4}, & \ldots & \tilde{B}_{k,k},
\end{array}
\tag{277}
$$

und durchlaufen die Unbekannten, die zu $H_{k,k}$ beziehungsweise $H^S_{k,k}$ gehören, wie in Abbildung 39 beschrieben. Da jede Menge $\tilde{B}_{l,m}$ nur Basisfunktionen mit disjunktem Träger enthält, ist die Durchlaufrichtung der Relaxationen innerhalb jedes Blocks $\tilde{B}_{l,m}$ beliebig und kann parallel ausgeführt werden.

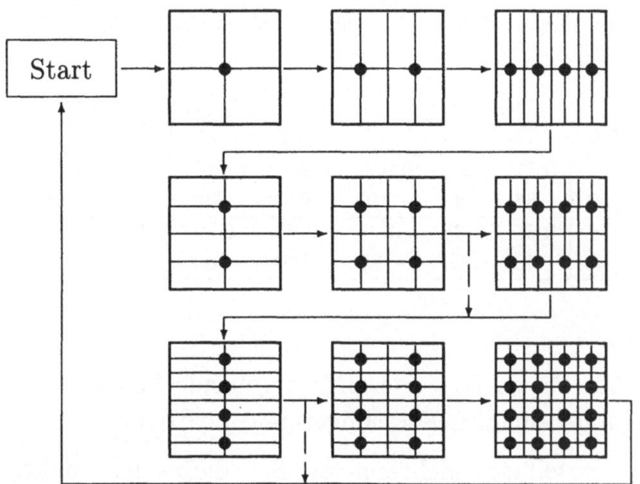

ABB. 39: *Reihenfolge der Relaxationen für die zu $H_{k,k}$ gehörige Hierarchische-Basis-Mehrgittermethode (HB-MG). Die gestrichelten Linien kennzeichnen das Vorgehen im Dünn-Gitter-Fall.*

Wir erhalten den Algorithmus

Hierarchische-Basis-Mehrgittermethode (HB-MG)
for $l = 1..k$
for $m = 1..k$ (volles Gitter) bzw.
$m = 1..k+1-l$ (dünnes Gitter)
for $\phi \in \tilde{B}_{l,m}$
relaxiere für ϕ gemäß (85).

Tabelle 26 zeigt die Reduktionsraten der zu $H_{k,k}$ bzw. $H_{k,k}^S$ gehörigen Hierarchischen-Basis-Mehrgittermethode für den Voll- und Dünn-Gitter-Fall. Die Zahl *it* der Iterationen scheint wie $\mathcal{O}(2^k)$ für den Voll-Gitter-Fall und wie $\mathcal{O}(2^{k/2})$ für den Dünn-Gitter-Fall zu wachsen.

Wenn wir dies mit den Werten für die entsprechenden Konditionszahlen in den Tabellen 17 und 18 vergleichen, sehen wir, daß sich durch die Verwendung der multiplikativen GS-Methode kein signifikanter Vorteil gegenüber dem zugehörigen additiven CG-Verfahren einstellt. Im Gegensatz zur HB-MG-Methode, die mit der *konventionellen* hierarchischen Basis H_k arbeitet, ist das sich jetzt mit

TABELLE 26

Reduktionsraten und Zahl der Iterationen für das Hierarchische-Basis-Mehrgitterverfahren, $\epsilon = 1$.

	k	3	4	5	6	7	8	9	10
Volles	ρ	0.77	0.88	0.905	0.964	0.971	0.984	0.992	0.996
Gitter	it	88	180	230	630	780	1400	2900	5700
Dünnes	ρ	0.56	0.68	0.77	0.83	0.88	0.913	0.938	0.955
Gitter	it	40	60	88	120	180	250	360	500

den hierarchischen Basen $H_{k,k}$ oder $H_{k,k}^S$ ergebende Verfahren wiederum nicht einmal im zweidimensionalen Fall einigermaßen effizient.

Deswegen ist es vorteilhaft, nicht nur mit $\tilde{B}_{l,m}$ die zu den Funktionen aus $H_{k,k}$ oder $H_{k,k}^S$ gehörigen Unbekannten, sondern mit $B_{l,m}$ alle den Funktionen aus $E_{k,k}$ beziehungsweise $E_{k,k}^S$ zugeordneten Unbekannten zu iterieren. Wir gehen also über zur Gauß-Seidel-Iteration für die semidefiniten Systeme (255) und (256). Dieser Ansatz führt zu einer multilevelartigen Iteration mit einer äußeren Schleife, die über die verschiedenen Gitter läuft, und inneren Schleifen, die die Unbekannten relaxieren, die zu den Basisfunktionen des entsprechenden Gitters gehören. Die inneren Schleifen entsprechen gerade dem Gauß-Seidel-Glätter im zugeordneten Mehrgitterverfahren. Die sich analog zum HB-MG-Verfahren ergebende Durchlaufordnung für die Gitter ist in Abbildung 40 beschrieben. Im Gegensatz zur Hierarchischen-Basis-Mehrgittermethode ist jedoch die Anordnung der Unbekannten auf jedem Gitter nicht länger beliebig, da die zu den Funktionen aus $B_{l,m}$ gehörigen Träger nicht mehr disjunkt sind. Hier wollen wir eine Vierfarb-Durchlaufreihenfolge auf jedem Level einhalten.

Insgesamt erhalten damit den Algorithmus

Multilevel-Mehrgittermethode
    for $l = 1..k$
        for $m = 1..k$ (volles Gitter) bzw.
            $m = 1..k + 1 - l$ (dünnes Gitter)
            Wende ν-mal eine Gauß-Seidel-Iteration auf $\Omega_{l,m}$ an.

In bezug auf das zu $E_{k,k}$ gehörige semidefinite System entspricht dies einer

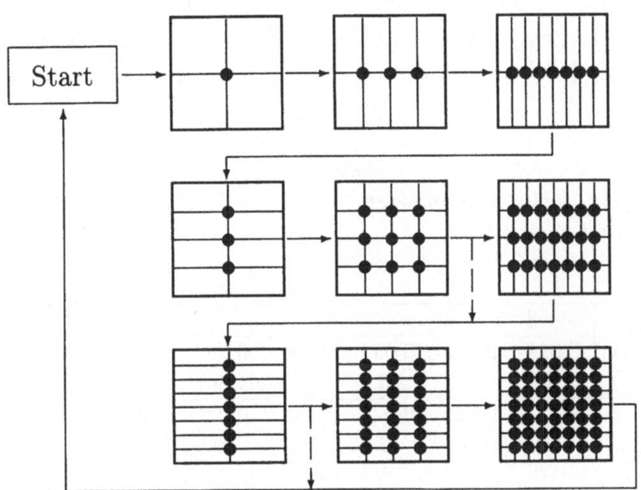

ABB. 40: *Reihenfolge der Relaxationen für die zu $E_{k,k}$ gehörige Multilevel-Mehrgittermethode. Die gestrichelten Linien kennzeichnen wiederum das Vorgehen im Dünn-Gitter-Fall.*

levelweisen Zerlegung des Koeffizientenvektors $u^{E_{k,k}}$ durch

(278) $$u^{E_{k,k},L} := (u^{l,m})_{1\leq l,m\leq k},$$

wobei $u^{l,m} := (u_\phi^{E_{k,k}})_{\phi\in B_{l,m}}$ die Koeffizienten bezeichnet, die zu $B_{l,m}$ gehören. Im Dünn-Gitter-Fall erhalten wir den levelweise zerlegten Koeffizientenvektor

(279) $$u^{E^S_{k,k},L} := (u^{l,m})_{1\leq l\leq k, 1\leq m\leq k+1-l}.$$

Wenden wir nur einen Gauß-Seidel-Schritt ($v = 1$) auf jedem Gitter an, dann erhalten wir die Gauß-Seidel-Methode (82) für das semidefinite System (255) bzw. (256) mit zugehöriger levelweiser Anordnung der Unbekannten.

Natürlich existieren neben der Durchlaufordnung, die in Abbildung 40 beschrieben ist, eine Fülle anderer Durchlaufreihenfolgen durch die verschiedenen Level. In numerischen Experimenten mit verschiedenen Reihenfolgen konnten wir jedoch keine substantiellen Unterschiede in den Reduktionsraten beobachten. Deswegen beschränken wir uns auf die Durchlaufreihenfolge wie in Abbildung 40. Hervorzuheben ist die Ähnlichkeit unseres Algorithmus mit den "multiple-coarse-grid"-Methoden von Mulder [82] sowie Naik und van Rosendale [83]. Diese Algorithmen haben sich für eine große Klasse von Problemen (anisotrope

Diffusionsgleichung, Konvektions-Diffusionsgleichung mit Konvektion in Gitterkoordinatenrichtung) als zuverlässig und robust erwiesen und werden mit Erfolg bei praxisrelevanten Strömungsberechnungen im Überschallbereich [97] eingesetzt.

TABELLE 27

Reduktionsraten und Zahl der Iterationen für das zu $E_{k,k}$ gehörige Multilevel-Mehrgitterverfahren (volles Gitter), $\epsilon = 1$.

	k	3	4	5	6	7	8	9	10
$\nu = 1$	ρ	0.087	0.092	0.093	0.093	0.092	0.093	0.093	0.093
	it	9.4	9.7	9.7	9.7	9.7	9.7	9.7	9.7
$\nu = 2$	ρ	0.021	0.024	0.025	0.026	0.026	0.026	0.026	0.026
	it	6.0	6.2	6.2	6.3	6.3	6.3	6.3	6.3

TABELLE 28

Reduktionsraten und Zahl der Iterationen für das zu $E^S_{k,k}$ gehörige Multilevel-Mehrgitterverfahren (dünnes Gitter), $\epsilon = 1$.

	k	3	4	5	6	7	8	9	10
$\nu = 1$	ρ	0.066	0.10	0.18	0.22	0.27	0.32	0.33	0.34
	it	8.5	10	13	15	18	20	21	21
$\nu = 2$	ρ	0.036	0.098	0.054	0.11	0.054	0.11	0.080	0.11
	it	6.9	9.9	7.9	10.4	7.9	10.4	9.1	10.4
BGS	ρ	0.0026	0.0036	0.0058	0.0046	0.0058	0.0052	0.0058	0.055
	it	3.9	4.1	4.5	4.3	4.5	4.4	4.5	4.5

Tabelle 27 zeigt die Ergebnisse für den Voll-Gitter-Fall. Hierbei wurde eine Vierfarb-Gauß-Seidel-Relaxation ν-mal auf jedem Gitter angewandt. Tabelle 28 zeigt die analogen Resultate für den Dünn-Gitter-Fall. Zusätzlich geben wir die Ergebnisse für den Fall der exakten Lösung der Teilprobleme an, die auf jedem Level der Dünn-Gitter-Diskretisierung für $E^S_{k,k}$ entstehen. Dies entspricht der *Block*-Gauß-Seidel-Iteration (94) mit der levelweisen Zerlegung (279) des Koeffizientenvektors. Die Diagonalblöcke enthalten gerade die Matrizen, die mit der Diskretisierung des Problems auf den zugehörigen Gittern entstehen. Für den Voll-Gitter-Fall macht eine solche BGS-Methode keinen Sinn. Sie würde in einem einzigen Schritt konvergieren, da der Raum $V_{k,k}$, der zum feinsten Gitter gehört, die Räume $V_{l,m}$, $1 \leq l, m \leq k$, enthält, die zu allen anderen Gittern gehören. Deswegen würde die Inversion des zu $N_{k,k}$ gehörigen Diagonalblocks das Problem exakt lösen und das Residuum auf allen anderen Gittern zum Verschwinden bringen. Sowohl im Dünn-Gitter-Fall als auch im Voll-Gitter-Fall sieht man deutlich, daß die Reduktionsraten und die Zahl der Iterationen von k unabhängig sind.

In Tabelle 29 geben wir die Ergebnisse für den Fall des anisotropen Operators bei festem $k = 8$ und variierenden Werten von ϵ an. Obwohl die Reduktionsfaktoren für $\epsilon \to 0$ und $\epsilon \to \infty$ etwas schlechter werden, sehen wir, daß sie beschränkt bleiben. Dies zeigt die Robustheit unserer levelorientierten Methode. Man vergleiche auch die Argumentation in Hackbusch [55] und Naik und van Rosendale [83].

TABELLE 29

Reduktionsraten und Zahl der Iterationen für das Multilevel-Mehrgitterverfahren im anisotropen Fall, $k = 8$, $\nu = 1$.

	ϵ	0.0001	0.01	0.1	0.5	0.7	1	1.4	2	10	100	10000
Volles	ρ	0.37	0.37	0.36	0.12	0.12	0.093	0.12	0.18	0.36	0.37	0.37
Gitter	it	23.2	23.2	22.5	10.9	10.9	9.7	10.9	13.4	22.5	23.2	23.2
Dünnes	ρ	0.37	0.37	0.36	0.33	0.33	0.32	0.33	0.33	0.36	0.37	0.37
Gitter	it	23.2	23.2	22.5	20.8	20.8	20.2	20.8	20.8	22.5	23.2	23.2

11.2.3 Punkt- und gebietsorientierte iterative Methoden

Wie schon beim Punktblock-Vorkonditionierer (273) und (275) des vorletzten Abschnitts vorgeführt wurde, können wir das erweiterte semidefinite System in Blöcke von Unbekannten aufteilen, deren assoziierte Erzeugendensystemfunktionen im gleichen Gitterpunkt zentriert sind. Mit den Definitionen (270) und (271) erhalten wir die Partitionierung

$$u^{E_{k,k},P} := (u^x)_{x \in N_{k,k}} \text{ mit } u^x := (u_\phi^{E_{k,k}})_{\phi \in B_x} \text{ bzw.} \tag{280}$$

$$u^{E^S_{k,k},P} := (u^{x,S})_{x \in N^S_{k,k}} \text{ mit } u^{x,S} := (u_\phi^{E^S_{k,k}})_{\phi \in B^S_x}. \tag{281}$$

Jetzt führen wir die Block-Gauß-Seidel-Iteration (94) für das zugehörige blockpartitionierte semidefinite System aus. Dabei laufen wir durch die Menge der

Gitterpunkte $N_{k,k}$ oder $N_{k,k}^S$ und relaxieren all die Unbekannten gleichzeitig gemäß (98), die zum selben Gitterpunkt gehören. In der Praxis sind jedoch nicht alle Durchlaufrichtungen durch die Menge der Gitterpunkte effizient implementierbar. Wir beschränken uns deswegen auf die Durchlaufreihenfolge, die bereits für die Hierarchische-Basis-Methode benutzt wurde (siehe auch Abbildung 39), und erhalten den folgenden Algorithmus:

Punktblock-Gauß-Seidel-Methode
for $l = 1..k$
  for $m = 1..k$ (volles Gitter) bzw.
    $m = 1..k + 1 - l$ (dünnes Gitter)
    for $x \in N_{l,m} \setminus (N_{l-1,m} \cup N_{l,m-1})$
      relaxiere u^x gemäß (98).

Wie schon beim Punktblock-Verfahren mit E_k ist es auch jetzt nicht unbedingt notwendig, die exakte Lösung für jedes Punktblock-Teilproblem zu berechnen. Meist sind einige GS-Relaxationen auf dem entsprechenden Blocksystem ausreichend. Im extremen Fall nur eines GS-Schrittes erhalten wir gerade die GS-Iteration über dem semidefiniten System mit einer zu (280) gehörigen, speziellen punktorientierten Durchlaufordnung.

Tabelle 30 zeigt die Ergebnisse für den Voll-Gitter-Fall mit $\nu = 1$ und $\nu = 2$ GS-Iterationen pro Punktblock-Teilsystem sowie mit exakter Lösung der Punktblock-Teilsysteme (BGS).

TABELLE 30
Reduktionsraten und Iterationszahlen für das punktorientierte Gauß-Seidel-Verfahren (volles Gitter), $\epsilon = 1$.

	k	3	4	5	6	7	8	9	10
$\nu = 1$	ρ	0.17	0.18	0.22	0.24	0.27	0.28	0.29	0.32
	it	13.0	13.4	15.2	16.1	17.6	18.1	18.6	20.2
$\nu = 2$	ρ	0.069	0.089	0.092	0.093	0.10	0.13	0.17	0.21
	it	8.6	9.5	9.7	9.7	10.0	11.3	13.0	13.8
BGS	ρ	0.0022	0.0077	0.015	0.018	0.022	0.024	0.025	0.026
	it	3.8	4.7	5.5	5.7	6.0	6.2	6.2	6.3

In Tabelle 31 führen wir die analogen Ergebnisse für den Dünn-Gitter-Fall auf. In beiden Fällen sehen wir deutlich, daß die Reduktionsraten von k unabhängig sind.

TABELLE 31

Reduktionsraten und Iterationszahlen für das punktorientierte Gauß-Seidel-Verfahren (dünnes Gitter), $\epsilon = 1$.

	k	3	4	5	6	7	8	9	10	11	12	13
$\nu = 1$	ρ	0.087	0.22	0.028	0.32	0.35	0.40	0.42	0.42	0.42	0.43	0.43
	it	9.4	15.2	18.1	20.2	21.9	25.1	26.5	26.5	26.5	27.3	27.3
$\nu = 2$	ρ	0.032	0.095	0.15	0.20	0.21	0.26	0.26	0.27	0.29	0.29	0.29
	it	6.7	9.8	12.1	14.3	14.8	17.1	17.1	17.6	18.6	18.6	18.6
BGS	ρ	0.0022	0.0042	0.0086	0.015	0.018	0.019	0.021	0.023	0.024	0.024	0.024
	it	3.8	4.2	4.8	5.5	5.7	5.8	6.0	6.1	6.2	6.2	6.2

In Tabelle 32 geben wir die Ergebnisse für den Fall des anisotropen Operators bei festem $k = 8$ und variierenden Werten von ϵ an. Wir sehen, daß sich die Reduktionsraten für $\epsilon \to 0$ und $\epsilon \to \infty$, das heißt für stark anisotrope Probleme, nicht verschlechtern. Im Gegensatz zu den Ergebnissen für die analoge levelorientierte Methode in Tabelle 29 sehen wir sogar eine leichte Verbesserung von ρ für extreme Werte von ϵ. Somit wird der schlechteste Reduktionsfaktor gerade für das Poisson-Problem erzielt. Dies demonstriert die Robustheit unserer punktorientierten Methode.

TABELLE 32

Reduktionsraten und Iterationszahlen für das Punktblock-Gauß-Seidel-Verfahren (BGS) im anisotropen Fall, $k = 8$.

	ϵ	0.0001	0.01	0.1	0.5	0.7	1	1.4	2	10	100	10000
Volles	ρ	0.012	0.022	0.025	0.025	0.024	0.024	0.023	0.022	0.022	0.020	0.012
Gitter	it	5.2	6.0	6.2	6.2	6.2	6.2	6.1	6.0	6.0	5.9	5.2
Dünnes	ρ	0.012	0.012	0.018	0.020	0.019	0.019	0.020	0.020	0.020	0.013	0.012
Gitter	it	5.2	5.2	5.7	5.9	5.8	5.8	5.8	5.8	5.8	5.3	5.2

Der punktorientierte Zugang für das erweiterte Erzeugendensystem läßt sich leicht verallgemeinern. Wir erlauben, analog zu Abschnitt 7, eine beliebige Zerlegung von Ω in J nicht-überlappende Teilgebiete

$$\Omega = \bigcup_{i=1}^{J} \Omega^i, \quad \Omega^i \cap \Omega^j = \{\} \text{ für } i \neq j, \tag{282}$$

mit zugehöriger Zerlegung der Gitterpunkte aus $N_{k,k}$. Für die Punkte $N^S_{k,k}$ des dünnen Gitters $\Omega^S_{k,k}$ betrachten wir eine analoge Zerlegung. Nun fassen wir die Unbekannten des semidefiniten Systems zusammen, die denjenigen Funktionen aus $E_{k,k}$ oder $E^S_{k,k}$ zugeordnet sind, deren Zentrumspunkte in den gleichen Teilgebieten Ω^i liegen,

$$B_{\Omega^i} := \bigcup_{x \in \Omega^i} B_x. \tag{283}$$

Der sich ergebende Block-Gauß-Seidel-Algorithmus durchläuft nun die Menge der Teilgebiete. Aus Gründen einer effizienten Implementierung ist dabei wieder eine "nested-dissection"-artige Anordnung [35] der Gitterpunkte notwendig. Vergleiche auch Abbildung 41. Dann müssen die Matrizen der Teilgebiete nicht explizit assembliert werden, sondern lassen sich unter Verwendung der Mehrgitter-Prolongations- und Restriktionsoperatoren faktorisiert implementieren, und eine BGS-Iteration kann in $\mathcal{O}(n^{E_{k,k}})$ bzw. $\mathcal{O}(n^{E^S_{k,k}})$ Operationen ausgeführt werden.

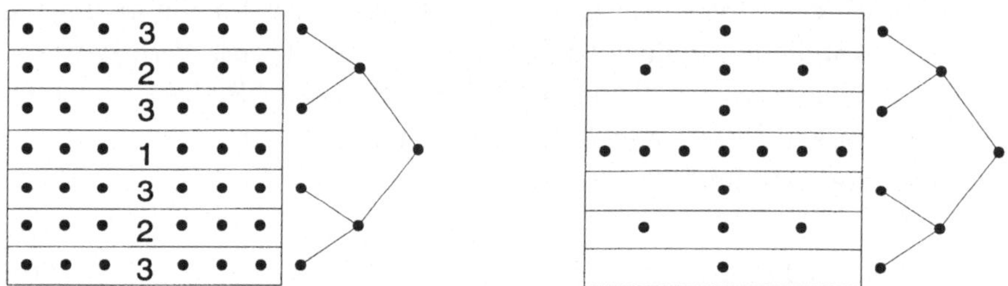

ABB. 41: *"Nested-dissection"-Zerlegung der Gitterpunkte, volles und dünnes Gitter,* $k = 3$.

Im Gegensatz zur gewöhnlichen Gebietszerlegungsmethode, bei der nur die Standardbasis für die Disketisierung genutzt wird, sind die Matrizen der Teilgebiete nun im allgemeinen nicht mehr invertierbar, da sie semidefinit sein können. Jedoch führt die Anwendung einer (levelorientierten) GS-Iteration automatisch zu einem mehrgitterartigen Löser für das Teilgebietsproblem, der aufgrund des Erzeugendensystemansatzes jetzt eine nicht-eindeutige Darstellung der Lösung des Teilgebietproblems produziert. Diese nicht-eindeutige Lösung läßt sich wiederum leicht mittels Interpolationsoperatoren und Additionen in ihre eindeutige Darstellung bezüglich $B_{k,k}$ oder $H^S_{k,k}$ überführen.

Durch den Gebrauch des Erzeugendensystems müssen wir uns, analog zum Gebietszerlegungsverfahren im Fall E_k, nicht länger um die Berechnung des Schur-komplements kümmern, wie es sonst bei der konventionellen Gebietszerlegung mit $B_{k,k}$ notwendig ist. Statt dessen erhalten wir direkt ein semidefinites Teilsystem für jedes Teilgebiet, und es nicht mehr nötig, die Konvergenzgeschwindigkeit durch globale Grobgittertransportschritte oder durch die Verwendung von überlappenden Teilgebieten wie bei Standard-Gebietszerlegungsmethoden mit $B_{k,k}$ üblich zu beschleunigen.

Nun betrachten wir beispielsweise die streifenweise Zerlegung in Abbildung 41. Alle Funktionen von $E_{k,k}$ beziehungsweise $E^S_{k,k}$, die zu den Gitterpunkten verschiedener Streifen mit gleicher Nummer gehören, sind paarweise orthogonal bezüglich $a(.,.)$, da sie disjunkte Träger besitzen. Deswegen können die den Streifen mit gleicher Nummer zugeordneten Teilprobleme parallel berechnet werden, und wir erhalten direkt eine Binärbaumordnung für die parallele Ausführung unseres Algorithmus. Kommunikation muß lediglich zwischen Vater- und Sohnstreifen stattfinden, das heißt zwischen benachbarten Streifen mit aufeinanderfolgender Nummer, und nicht auf jedem Diskretisierungslevel, wie in vielen parallel Mehrgitteralgorithmen. Vergleiche auch die in Abbildung 42 gegebene Parallelisierungsstruktur.

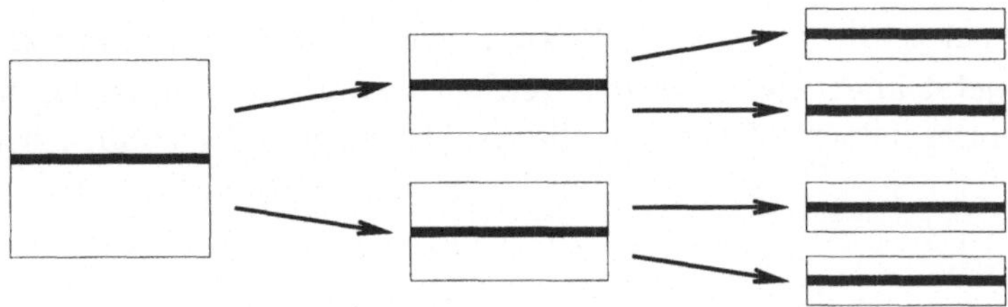

ABB. 42: *Gebietszerlegung des Einheitsquadrats: in jedem Teilgebiet werden alle Basisfunktionen, die zur Mittellinie gehören, gleichzeitig relaxiert.*

Tabelle 33 zeigt die Reduktionsraten für die sich ergebende linienweise BGS-Methode. Wir sehen nochmalig, daß die Reduktionsraten in beiden Fällen unabhängig von k sind. Im Vergleich zur punktorientierten Methode (siehe die Tabellen 30 und 31) beobachten wir jedoch keine signifikante Verbesserung der Reduktionsraten. Somit ist die linienweise Block-Gauß-Seidel-Methode sicherlich weniger effizient als der zugehörige punktorientierte Ansatz, denn sie beinhaltet die *exakte* Lösung der Streifenprobleme. Benutzen wir statt dessen einen inexakten Löser, wie zum Beispiel einen Punktblock-Gauß-Seidel-Schritt über die Teilprobleme mit einer geeigneten Durchlaufordnung durch die Punkte jedes

TABELLE 33

Reduktionsraten und Zahl der Iterationen für das linienweise Block-Gauß-Seidel-Verfahren, $\epsilon = 1$.

	k	3	4	5	6	7	8	9	10
Volles	ρ	0.00094	0.0050	0.012	0.017	0.020	0.021	0.022	0.023
Gitter	it	3.3	4.3	5.2	5.7	5.9	6.0	6.0	6.1
Dünnes	ρ	0.0010	0.0023	0.0053	0.013	0.016	0.018	0.020	0.021
Gitter	it	3.3	3.8	4.4	5.3	5.5	5.7	5.9	6.0

Steifens, dann erhalten wir gerade die Punktblock-Methode, deren Konvergenzverhalten in den Tabellen 30 und 31 (Zeile BGS) zu sehen war. Ersetzen wir in einem zweiten Schritt den exakten Block-Gauß-Seidel-Löser für jeden Punkt durch beispielsweise einen Gauß-Seidel-Schritt für das Punktblock-Teilsystem, dann erhalten wir gerade die einfache Gauß-Seidel-Methode für das semidefinite System, jedoch mit einer speziellen gebiets- und punktorientierten Durchlaufordnung, deren Konvergenzverhalten in den Tabellen 30 und 31 (Zeile $\nu = 1$) gezeigt wurde. Nun ist die Zahl der benötigten Operationen vergleichbar mit der Zahl der Operationen, die in den entsprechenden levelorientierten Methoden gebraucht wird. Im Gegensatz zum levelorientierten Ansatz haben diese Methoden jetzt aber wiederum die gleichen Parallelisierungseigenschaften wie die gebietsorientierten Methoden, die in Abschnitt 9.2 ausführlich diskutiert wurden.

12 Abschließende Bemerkungen

In dieser Arbeit haben wir die Idee des Erzeugendensystems für die Darstellung von Funktionen und für die Diskretisierung von elliptischen Differentialgleichungen eingeführt. Mit dem Ritz-Galerkin-Ansatz entstand bei Verwendung des Erzeugendensystems ein semidefinites Gleichungssystem. Dieses Konzept erleichtert das Verständnis von modernen Multilevelverfahren. Traditionelle iterative Methoden (Gauß-Seidel, Konjugierte Gradienten) zur Lösung dieses semidefiniten Systems lassen sich als Multilevelverfahren (Mehrgitter, BPX) zur Lösung des zugehörigen definiten Problems auf dem feinsten Diskretisierungslevel interpretieren.

Weiterhin ermöglicht diese Sichtweise, das starre levelorientierte Vorgehen zu durchbrechen, das dem Mehrgitterprinzip zugrunde liegt. Dadurch konnten ortsorientierte Iterationsverfahren entwickelt werden (Punktblock-Methoden, Gebietszerlegung), die mehrgitterartige Konvergenzeigenschaften aufweisen und zudem Vorteile bei der Parallelisierung besitzen. Darüber hinaus hat sich der Erzeugendensystemansatz als nützliches Konstruktionsprinzip bei der Entwicklung neuartiger Multilevelmethoden ("multiple-coarse-grid"-Verfahren, dünne Gitter) erwiesen.

Das in dieser Arbeit geschilderte Konzept läßt sich auch erfolgreich in Verbindung mit lokalen Fehlerschätzern bei der Erstellung adaptiver Algorithmen verwenden. Hierzu liegen inzwischen in Griebel und Zimmer [47] erste experimentelle Ergebnisse vor. Vielversprechend erscheint dabei der Zugang, geeignete Punktblock-Teilräume auch am Rand des Problemgebiets zuzulassen, um so den Pollutionseffekt durch von Randbedingungen herrührenden Singularitäten weitgehend zu absorbieren.

Zudem konnten in Schiekofer [104] mit Hilfe des semidefiniten Systems BPX-artige Multilevel-Vorkonditionierer für Konvektions-Diffusionsprobleme hergeleitet werden.

Darüber hinaus wurde das Punktblock-Verfahren mittlerweile in Grauschopf [36] erfolgreich auf erste nicht-lineare Modellprobleme, wie etwa das Bratu-Problem, angewandt.

Die Übertragung des Punktblock-Prinzips auf Systeme von Differentialgleichungen, wie etwa die Stokes- oder Navier-Stokes-Gleichungen [98], steht jedoch noch aus. Hierzu sind in Zukunft weitere umfangreiche Untersuchungen notwendig.

Literatur

[1] R. Alcouffe, A. Brandt, J. Dendy und J. Painter, *Theoretical and practical aspects of a multigrid method*, SIAM J. Sci. Stat. Comput., 2 (1981), S. 430–454.

[2] O. Axelsson und V. Barker, *Finite element solutions of boundary value problems*, Academic Press, New York, 1984.

[3] O. Axelsson und P. Vassilevski, *Construction of variable-step preconditioners for inner outer iteration methods*, in Iterative methods in linear algebra, R. Beauwens und P. de Groen, Hrsg., Elsevier, IMACS, 1992.

[4] D. Bai und A. Brandt, *Local mesh refinement multilevel techniques*, SIAM J. Sci. Stat. Comput., 8 (1987), S. 109–134.

[5] R. Balder und C. Zenger, *The d-dimensional Helmholtz equation on sparse grids*, SFB-Report 342/21/92 A; TUM-I9232, TU München, Institut f. Informatik, 1992.

[6] R. Bank, *PLTMG user's guide, edition 6.0*, tech. report, Department of Mathematics, University of California at San Diego, 1990.

[7] R. Bank und C. Douglas, *Sharp estimates for multigrid rates of convergence with general smoothing and acceleration*, SIAM J. Numer. Anal., 22 (1985), S. 617–633.

[8] R. Bank, T. Dupont und H. Yserentant, *The hierarchical basis multigrid method*, Numer. Math., 52 (1988), S. 427–458.

[9] P. Bastian, *UG version 2.0 short manual*, Preprint 92-14, Univ. Heidelberg, IWR, 1992.

[10] A. Berman und R. Plemmons, *Nonnegative matrices in the mathematical sciences*, Academic Press, New York, 1979.

[11] J. Bey, *Der BPX-Vorkonditionierer in 3 Dimensionen: Gitter-Verfeinerung, Parallelisierung und Simulation*, Preprint 92-03, Univ. Heidelberg, IWR, 1992.

[12] K. Böhmer, P. Hemker und H. Stetter, *The defect correction approach*, in Computing Supplementum 5, Defect correction methods, theory and applications, K. Böhmer und H. Stetter, Hrsg., Springer Verlag, 1984, S. 89–113.

[13] T. Bonk, *A new algorithm for multi-dimensional adaptive numerical quadrature*, in Adaptive methods: Algorithms, Theory and Applications, Proceedings of the Ninth GAMM-Seminar, Kiel, 1993, Notes on Numerical Fluid Mechanics, W. Hackbusch und G. Wittum, Hrsg., Vieweg Verlag, Braunschweig, 1994.

[14] C. Börgers, *The Neumann-Dirichlet domain decomposition method with inexact solvers on the subdomains*, Numer. Math., 55 (1989), S. 123–136.

[15] F. Bornemann, B. Erdmann und R. Kornhuber, *Adaptive multilevel-methods in three space dimensions*, Preprint SC 92-14, Konrad-Zuse-Zentrum, Berlin, 1992.

[16] F. Bornemann und H. Yserentant, *A basic norm equivalence for the theory of multilevel methods*, Preprint SC 92-1, Konrad-Zuse-Zentrum, Berlin, 1992.

[17] D. Braess, *The convergence rate of a multigrid method with Gauß-Seidel relaxation for the Poisson equation*, in Multigrid Methods, W. Hackbusch und U. Trottenberg, Hrsg., Lecture Notes in Mathematics 960, Springer, Berlin, Heidelberg, New York, 1982.

[18] ——, *Finite Elemente*, Springer-Verlag, Berlin, Heidelberg, New York, 1991.

[19] D. Braess und W. Hackbusch, *A new convergence proof for the multigrid method including the V-cycle*, SIAM J. Numer. Anal., 20 (1983), S. 967–975.

[20] J. Bramble und J. Pasciak, *New estimates for multilevel algorithms including the V-cycle*, Report BNL-46730, Dept. Appl. Science, Brookhaven National Laboratories, 1991.

[21] J. Bramble, J. Pasciak, J. Wang und J. Xu, *Convergence estimates for multigrid algorithms without regularity assumptions*, Math. Comp., 57 (1991), S. 23–45.

[22] J. Bramble, J. Pasciak und J. Xu, *Parallel multilevel preconditioners*, Math. Comp., 31 (1990), S. 333–390.

[23] A. Brandt, *Multi-level adaptive solutions to boundary value problems*, Math. Comp., 31 (1977), S. 333–390.

[24] ——, *Multigrid solvers on parallel computers*, in Elliptic Problem Solvers, M. Schultz, Hrsg., Academic Press, New York, 1981, S. 39–83.

[25] ——, *Guide to multigrid development*, in Multigrid Methods, W. Hackbusch und U. Trottenberg, Hrsg., Lecture Notes in Mathematics 960, Springer, Berlin, Heidelberg, New York, 1982.

[26] C. Brebbia, *Finite element systems*, Springer-Verlag, Berlin, Heidelberg, New York, 1982.

[27] H. Bungartz, *An adaptive Poisson solver using hierarchical bases and sparse grids*, in Iterative methods in linear algebra, R. Beauwens und P. de Groen, Hrsg., Elsevier, IMACS, 1992.

[28] ——, *Dünne Gitter und deren Anwendung bei der adaptiven Lösung der dreidimensionalen Poisson-Gleichung*, Dissertation, Institut für Informatik, TU München, 1992.

[29] T. Chan, R. Glowinski, J. Periaux und O. Widlund, *Domain decomposition methods for partial differential equations*, SIAM, Philadelphia, 1989.

[30] T. Chan und R. Schreiber, *Parallel networks for multgrid algorithms, architecture and complexity*, SIAM J. Sci. Stat. Comput., 6 (1985), S. 698–711.

[31] W. Dahmen und A. Kunoth, *Multilevel preconditioning*, Numer. Math, 63 (1992), S. 315–344.

[32] P. de Zeeuw, *Matrix-dependent prolongations and restrictions in a blackbox multigrid solver*, J. Comp. appl. Math., 33 (1990), S. 1–27.

[33] M. Dryja und O. Widlund, *Multilevel additive methods for elliptic finite element problems*, in Parallel Algorithms for Partial Differential Equations, Proceedings of the Sixth GAMM-Seminar, Kiel, 1990, Notes on Numerical Fluid Mechanics, W. Hackbusch, Hrsg., vol. 31, Vieweg Verlag, Braunschweig, 1991.

[34] F. DURST, M. PERIC, M. SCHÄFER UND E. SCHRECK, *Parallelization of efficient numerical methods for flows in complex domains*, in Flow Simulation with High-Performance Computers I, Notes on Numerical Fluid Mechanics, E.H. Hirschel, Hrsg., vol. 38, Vieweg Verlag, Braunschweig, 1993.

[35] A. GEORGE, *Nested dissection of a regular finite element mesh*, SIAM, J. Numer. Anal., 10 (1973), S. 345–363.

[36] T. GRAUSCHOPF, *Punktblock-Verfahren für nicht-lineare Probleme*, Fortgeschrittenenpraktikum, TU München, Institut für Informatik, 1993.

[37] U. GRENANDER UND G. SZEGÖ, *Toeplitz forms and their applications*, University of California Press, Berkeley and Los Angeles, 1958.

[38] M. GRIEBEL, *Zur Lösung von Finite-Differenzen- und Finite-Element-Gleichungen mittels der Hierarchischen-Transformations-Mehrgitter-Methode*, TU München, Institut f. Informatik, TUM-I9007; SFB-Report 342/4/90 A, 1990.

[39] ——, *Parallel multigrid methods on sparse grids*, in Int. Series of Numer. Mathematics, Vol. 98, Basel, 1991, Birkhäuser Verlag.

[40] ——, *A parallelizable and vectorizable multi-level algorithm on sparse grids*, in Parallel Algorithms for Partial Differential Equations, Proceedings of the Sixth GAMM-Seminar, Kiel, 1990, Notes on Numerical Fluid Mechanics, W. Hackbusch, Hrsg., vol. 31, Vieweg Verlag, Braunschweig, 1991, S. 94–199.

[41] ——, *Grid- and point-oriented multilevel algorithms*, in Incomplete Decomposition (ILU): Theory, Technique and Application, Proceedings of the Eighth GAMM-Seminar, Kiel, 1992, Notes on Numerical Fluid Mechanics, W. Hackbusch und G. Wittum, Hrsg., vol. 41, Vieweg Verlag, Braunschweig, 1992, S. 32–46.

[42] ——, *Multilevel algorithms considered as iterative methods on semidefinite systems*, SIAM J. Sci. Comput., 15 (1994). auch als TU München, Institut f. Informatik, TUM-I9143; SFB-Report 342/29/91 A, (1991).

[43] M. GRIEBEL UND P. OSWALD, *On additive Schwarz preconditioners for sparse grid discretizations*, Report Math/92/7, Friedrich-Schiller-Universität Jena, 1992. (Erscheint 1994 in Numer. Math.).

[44] ——, *Remarks on the abstract theory of additive and multiplicative Schwarz algorithms*, SFB-Report 342/6/93 A; TUM-I9314, TU München, Institut f. Informatik, 1993.

[45] ——, *On the abstract theory of additive and multiplicative Schwarz algorithms*, (1994). Eingereicht bei Numer. Math.

[46] M. Griebel, M. Schneider und C. Zenger, *A combination technique for the solution of sparse grid problems*, in Iterative methods in linear algebra, R. Beauwens und P. de Groen, Hrsg., Elsevier, IMACS, 1992, S. 263–281.

[47] M. Griebel und S. Zimmer, *Adaptive point block methods*, in Adaptive methods: Algorithms, Theory and Applications, Proceedings of the Ninth GAMM-Seminar, Kiel, 1993, Notes on Numerical Fluid Mechanics, W. Hackbusch and G. Wittum, Hrsg., Vieweg Verlag, Braunschweig, 1994.

[48] ——, *On practical aspects of multi-level pointblock relaxation schemes*, SFB-Report, TU München, Institut f. Informatik, 1994.

[49] M. Griebel, S. Zimmer und C. Zenger, *Improved multilevel algorithms for full and sparse grid problems*, SFB-Report 342/15/92 A; TUM-I9225, TU München, Institut f. Informatik, 1992.

[50] ——, *Multilevel Gauss-Seidel-algorithms for full and sparse grid problems*, Computing, 49 (1993), S. 127–148.

[51] W. Hackbusch, *Convergence of multigrid iterations applied to differential equations*, Math. Comp., 34 (1980), S. 425–440.

[52] ——, *Local defect correction method and domain decomposition techniques*, in Computing Supplementum 5, Defect correction methods, theory and applications, K. Böhmer und H. Stetter, Hrsg., Springer Verlag, 1984, S. 89–113.

[53] ——, *Multigrid Methods and Applications*, Springer-Verlag, Berlin, Heidelberg, New York, 1985.

[54] ——, *A new approach to robust multi-grid solvers*, Report, Institut für Informatik und praktische Mathematik, CAU Kiel, 1987.

[55] ——, *The frequency decomposition multi-grid method. I: Application to anisotropic equations*, Numer. Math., 56 (1989), S. 229–245.

[56] ——, *Iterative Lösung großer schwachbesetzter Gleichungssysteme, LAMM 69*, Teubner Verlag, 1991.

[57] ——, *The frequency decomposition multi-grid method. II: Convergence analysis based on the additive Schwarz method*, Numer. Math., 63 (1992), S. 433–453.

[58] Y. Hallopian und Y. Kuznetsov, *Algebraic multigrid/substructuring preconditioners on triangular grids*, Sov. J. Numer. Anal. Math. Modelling, 6 (1991), S. 453–483.

[59] P. Hemker und P. de Zeeuw, *Some implementation of multigrid linear system solvers*, in Multigrid methods for integral and differential equations, D. Paddon und H. Holstein, Hrsg., The Institute of Mathematics and its Applications, Conference Series, New Series 3, Clarendon Press, Oxford, 1985, S. 85–116.

[60] R. Hempel und A. Schüller, *Experiments with parallel multigrid algorithms using the SUPRENUM communications subroutine library*, Arbeitspapiere der GMD 141, GMD, 1988.

[61] K. Hiller, *Datenkompression mit dem Dünngitterverfahren*, Diplomarbeit, TU München, Institut für Informatik, 1993.

[62] T. Hughes und A. Brooks, *A multidimensional upwind scheme with no crosswind diffusion*, in AMD, vol. 34, Finite element methods for convection dominated flows, T. Hughes, Hrsg., ASME, New York, 1979.

[63] T. Hughes, L. Franca und M. Balestra, *A new finite element formulation for computational fluid mechanics: III. The general streamline operator for multidimensional advective-diffusive systems*, Comp. Meth. Appl. Mech. Eng., 58 (1986), S. 305–328.

[64] R. Kettler, *Analysis and comparison of relaxation schemes in robust multigrid and preconditioned conjugate gradient methods*, in Multigrid Methods, Lecture Notes in Mathematics, Springer-Verlag, 960 (1982).

[65] M. KHALIL, *Local mode smoothing analysis of various incomplete factorization iterative methods*, in Robust Multi-Grid Methods, Proceedings of the GAMM-Seminar, Kiel, 1988, Notes on Numerical Fluid Mechanics, W. Hackbusch, Hrsg., vol. 23, Vieweg Verlag, Braunschweig, 1988, S. 155–164.

[66] ——, *Analysis of linear multigrid methods for elliptic differential equations with discontinuous and anisotropic coefficients*, Proefschrift, TU Delft, 1989.

[67] Y. KUZNETSOV, *Algebraic multigrid domain decomposition methods*, Sov. J. Numer. Anal. Math. Modelling, 4 (1989), S. 351–380.

[68] ——, *Multigrid domain decomposition methods for elliptic problems*, Comp. Meth. appl. Mech. Engin., 75 (1989), S. 185–193.

[69] U. LANGER UND G. HAASE, *On the use of multigrid preconditioners in the domain decomposition method*, in Parallel Algorithms for Partial Differential Equations, Proceedings of the Sixth GAMM-Seminar, Kiel, 1990, Notes on Numerical Fluid Mechanics, W. Hackbusch, Hrsg., vol. 31, Vieweg Verlag, Braunschweig, 1991.

[70] P. LEINEN, *Ein schneller adaptiver Löser für elliptische Randwertprobleme auf Seriell- und Parallelrechnern*, Dissertation, Universität Dortmund, 1990.

[71] T. LINNER, *Konvergenz iterativer Verfahren mit dünnen Gittern*, Diplomarbeit, TU München, Institut für Informatik, 1992.

[72] D. LUENBERGER, *Introduction to linear and nonlinear programming*, Addison-Wesley, Massachusetts, 1973.

[73] G. MARCUK UND Y. KUZNETSOV, *Méthodes iteratives et fonctionelles quadratiques*, in Méthodes Mathématiques de l'Informatique 4: Sur les méthodes numériques en sciences, physiques et économiques, J. Lions und G. Marcuk, Hrsg., Dunod, Paris, 1974.

[74] S. MAYER, *Minimierung dünner Gitter und deren Anwendung auf die Reduzierung großer Datenmengen*, Diplomarbeit, TU München, Institut für Informatik, 1993.

[75] O. McBryan, P. Fredericson, J. Linden, A. Schüller, K. Solchenbach, K. Stüben, C. Thole und U. Trottenberg, *Multigrid methods on parallel computers - a survey of recent developments*, Impact of Computing in Science and Engineering, 3 (1991), S. 1–75.

[76] S. McCormick, *Multilevel adaptive methods for partial differential equations*, SIAM Frontiers in Applied Mathematics 6, Philadelphia, PA, 1989.

[77] ——, *Multilevel projection methods for partial differential equations*, CBMS-NSF Regional conference series in applied mathematics 62, SIAM, Philadelphia, PA, 1992.

[78] S. McCormick und J. Thomas, *The fast adaptive composite grid (FAC) method for elliptic equations*, Math. Comp., 46 (1986), S. 439–456.

[79] H. Mierendorff und U. Trottenberg, *Ergänzende Leistungsmessungen für technisch wissenschaftliche Anwendungen auf dem SUPRENUM System*, Arbeitspapiere der GMD 669, GMD, 1992.

[80] ——, *Leistungsmessungen für technisch wissenschaftliche Anwendungen auf dem SUPRENUM System*, Arbeitspapiere der GMD 624, GMD, 1992.

[81] W. Mitchell, *Optimal multilevel iterative methods for adaptive grids*, SIAM J. Sci. Stat. Comp., 13 (1992), S. 146–167.

[82] W. Mulder, *A new multigrid approach to convection problems*, J. Comp. Phys., 83 (1989), S. 303–323.

[83] N. Naik und J. van Rosendale, *The improved robustness of multigrid elliptic solvers based on multiple semicoarsened grids*, Report 55-70, ICASE, 1991.

[84] J. Nelder und R. Mead, *A simplex method for function minimization*, Comput. J., 7 (1965), S. 308–313.

[85] S. Nepomnyasckikh, *Decomposition and fictitious domain methods for elliptic boundary value problems*, in Domain Decomposition V, SIAM, Philadeliphia, 1991, S. 62–72.

[86] ——, *Mesh theorems on traces, normalization of function traces and their inversion*, Sov. J. Numer. Anal. Math. Modelling, 6 (1991), S. 223–242.

[87] W. NIETHAMMER, *Relaxationen bei komplexen Matrizen*, Math. Zeitschr., 86 (1964), S. 34–40.

[88] ——, *The SOR method on parallel computers*, Numer. Math., 56 (1989), S. 247–254.

[89] P. OSWALD, *Approximationsräume und Anwendungen in der Theorie der Multilevel-Verfahren*, Manuskript, FSU Jena, 1991.

[90] ——, *On discrete norm estimates related to multilevel preconditioners in the finite element method*, Proc. Int. Conf. Constr. Theory of Functions, Varna, 1991.

[91] ——, *Two remarks on multilevel preconditioners*, Bericht Math/91/1, FSU Jena, Mathematische Fakultät, 1991.

[92] ——, *Norm equivalencies and multilevel Schwarz preconditioning for variational problems*, Bericht Math/92/1, FSU Jena, Mathematische Fakultät, 1992.

[93] ——, *Preliminary results on preconditioners for sparse grid discretizations*. Manuskript, FSU Jena, 1992.

[94] ——, *Stable splittings of Sobolev spaces and fast solution of variational problems*, Bericht Math/92/5, FSU Jena, Mathematische Fakultät, 1992.

[95] M. OVERTON, *On minimizing the maximum eigenvalue of a symmetric matrix*, SIAM J. Matrix. Anal. Appl., 9 (1988), S. 256–268.

[96] R. PLEMMONS, *Regular splittings and the discrete Neumann problem*, Numer. Math., 25 (1976), S. 153–161.

[97] R. RADESPIEL UND R. SWANSON, *Progress with multigrid schemes for hypersonic flow problems*, Tech. Report 91-89 Contractor Report 189579, ICASE, 1991.

[98] R. RANNACHER, *On the numerical solution of the incompressible Navier-Stokes equations*, Report 92-16, IWR, Univ. Heidelberg, 1992.

[99] J. REID, *Treesolve, a Fortran package for solving large sets of linear finite element equations*, in PDE Software: Modules, Interfaces and Systems, T. S. B. Engquist, Hrsg., 1984.

[100] U. Rüde, *Fully adaptive multigrid methods*, SIAM J. Numer. Anal., 30 (1993), S. 230–248.

[101] U. Rüde, *Mathematical and computational adaptive techniques for elliptic problems*, Frontiers in Applied Mathematics, SIAM, Philadelphia, 1993.

[102] J. Ruge und K. Stüben, *Efficient solution of finite difference and finite element equations*, in Multigrid methods for integral and differential equations, D. Paddon und H. Holstein, Hrsg., The Institute of Mathematics and its Applications, Conference Series, New Series 3, Clarendon Press, Oxford, 1985, S. 169–212.

[103] Y. Saad und M. Schultz, *GMRES: A generalized minimal residual method for solving nonsymmetric linear systems*, SIAM J. Sci. Stat. Comp., 7 (1986), S. 856–869.

[104] T. Schiekofer, *Additive Multilevel-Vorkonditionierer für die Konvektions-Diffusionsgleichung*, Fortgeschrittenenpraktikum, TU München, Institut für Informatik, 1993.

[105] H. Schmeisser und H. Triebel, *Topics in Fourier analysis and function spaces*, Geest und Portig, Leipzig, Wiley and Sons, Chichester, 1987.

[106] C. Schwab und L. Xanthis, *The method of arbitrary lines: an h-p error analysis for singular problems*, Comptes Rendus de l'Académie des Sciences, Paris, Série I (1992).

[107] B. Smith und O. Widlund, *A domain decomposition algorithm using a hierarchical basis*, SIAM J. Sci. Stat. Comput., 11 (1990), S. 1212–1220.

[108] P. Sonneveld, P. Wesseling und P. de Zeeuw, *Multigrid and conjugate gradient methods as convergence acceleration techniques*, in Multigrid methods for integral and differential equations, D. Paddon und H. Holstein, Hrsg., The Institute of Mathematics and its Applications, Conference Series, New Series 3, Clarendon Press, Oxford, 1985, S. 117–167.

[109] K. Stüben und U. Trottenberg, *Multigrid methods: fundamental algorithms, model problem analysis and applications*, in Multigrid methods, Lecture Notes in Mathematics, Springer-Verlag, 960 (1982).

[110] C. TONG, T. CHAN UND C. KUO, *Multilevel filtering elliptic preconditioners*, SIAM J. Matrix Anal. Appl., 11 (1990), S. 403–429.

[111] ——, *A domain decomposition preconditioner based on a change to the multilevel nodal basis*, SIAM J. Sci. Stat. Comput., 12 (1991), S. 1486–1495.

[112] ——, *Multilevel filtering preconditioners: extension to more general elliptic problems*, in Preliminary Proceedings Copper Mountain Conference on Multigrid Methods, S. McCormick, Hrsg., University Colorado at Denver and Boulder, 1991.

[113] ——, *Multilevel filtering preconditioners: extension to more general elliptic problems*, SIAM J. Sci. Stat. Comput., 13 (1992), S. 227–245.

[114] H. VAN DER VORST, *Bi-CGstab: A fast and smoothly converging variant of Bi-CG for the solution of nonsymmetric linear systems*, SIAM J. Sci. Stat. Comp., 13 (1992), S. 631–644.

[115] J. VAN ROSENDALE, *Minimizing inner product data dependencies in conjugate gradient iteration*, in Proc. Int. Conf. Par. Process., 1983.

[116] P. VASSILEVSKI, *Multilevel preconditioning matrices and multigrid V-cycle methods*, in Robust Multi-Grid Methods, Proceedings of the GAMM-Seminar, Kiel, 1988, Notes on Numerical Fluid Mechanics, W. Hackbusch, Hrsg., vol. 23, Vieweg Verlag, Braunschweig, 1988, S. 200–208.

[117] ——, *Hybrid V-cycle algebraic multilevel preconditioners*, Math. Comp., 58 (1992), S. 489–512.

[118] P. WESSELING, *A robust and efficient multigrid method*, in Multigrid Methods, Lecture Notes in Mathematics, Springer-Verlag, 960 (1982).

[119] ——, *Theoretical and practical aspects of a multigrid method*, SIAM J. Sci. Stat. Comput., 3 (1982), S. 387–402.

[120] O. WIDLUND, *Some Schwarz methods for symmetric and nonsymmetric elliptic problems*, New York University, Courant Institute, Department of Computer Science, Report 581, 1991.

[121] G. Wittum, *Linear iterations as smoothers in multigrid methods: Theory with applications to incomplete decompositions*, Impact of Computing in Science and Engineering, 1 (1989), S. 180–215.

[122] ——, *On the robustnes of ILU-smoothing*, SIAM J. Sci. Stat. Comput., 10 (1989), S. 699–717.

[123] ——, *Filternde Zerlegungen: Schnelle Löser für große Gleichungssysteme*, Teubner Skripten zur Numerik, Teubner-Verlag, Stuttgart, 1992.

[124] J. Xu, *Theory of multilevel methods*, Report No. AM48, Department of Mathematics, Pennsylvania State University, 1989.

[125] ——, *Iterative methods by space decomposition and subspace correction: A unifying approach*, SIAM Review, 34 (1992), S. 581–613.

[126] H. Yserentant, *On the multi-level splitting of finite element spaces*, Numer. Math., 49 (1986).

[127] ——, *Two preconditioners based on the multi-level splitting of finite element spaces*, Numer. Math., 58 (1990), S. 163–184.

[128] ——, *Hierarchical bases*, in Proceedings of the Second International Conference on Industrial and Applied Mathematics, J. R. E. O'Malley, Hrsg., Philadelphia, 1992, SIAM, S. 256–276.

[129] ——, *Old and new convergence proofs for multigrid methods*, Acta Numerica, Cambridge Univ. Press, N.Y., (1993), S. 285–326.

[130] C. Zenger, *Sparse grids*, in Parallel Algorithms for Partial Differential Equations, Proceedings of the Sixth GAMM-Seminar, Kiel, 1990, Notes on Numerical Fluid Mechanics, W. Hackbusch, Hrsg., vol. 31, Vieweg Verlag, Braunschweig, 1991.

[131] X. Zhang, *Multilevel Schwarz methods*, Numer. Math., 63 (1992), S. 521–539.

[132] G. Zumbusch, *Adaptive parallele Multilevel-Methoden zur Lösung elliptischer Randwertprobleme*, SFB-Report 342/19/91 A; TUM-I9127, TU München, Institut für Informatik, 1992.

Abbildungsverzeichnis

Tabellenverzeichnis

Sachverzeichnis

Teubner Skripten zur Numerik

Bader/Rannacher/Wittum (Hrsg.)
Numerische Algorithmen auf Transputer-Systemen
1993. 206 Seiten. 16,2 x 23,5 cm.
Kart. DM 34,– / ÖS 265,– / SFr 34,–
ISBN 3-519-02716-2

Griebel
Multilevelmethoden als Iterationsverfahren über Erzeugendensystemen
1994. VIII, 175 Seiten. 16,2 x 23,5 cm.
Kart. DM 34,80 / ÖS 272,– / SFr 34,80
ISBN 3-519-02718-6

Vandewalle
Parallel Multigrid Waveform Relaxation for Parabolic Problems
1993. 247 Seiten. 16,2 x 23,5 cm.
Kart. DM 39,80 / ÖS 311,– / SFr 39,80
ISBN 3-519-02717-8

Wittum
Filternde Zerlegungen.
Schnelle Löser für große Gleichungssysteme
1992. 176 Seiten. 16,2 x 23,5 cm.
Geb. DM 29,– / ÖS 226,– / SFr 29,–
ISBN 3-519-02715-1

Preisänderungen vorbehalten

B.G. Teubner Stuttgart